[illegible] MOYEN

ARITHMÉTIQUE

ET

SYSTÈME MÉTRIQUE

5[illegible] EXERCICES

ET

PROBLÈMES

CLASSÉS

[illegible] LE PROGRAMME DES COURS D'ÉTUDES PRIMAIRES
[illegible] DE NOTIONS GÉNÉRALES D'ARITHMÉTIQUE
ET DE SYSTÈME MÉTRIQUE

[illegible] U. AUVERT
[illegible] école communale à Paris,
[illegible] des membres de l'enseignement

PARIS
[illegible], IMPRIMERIE ET PAPETERIE CLASSIQUES
GEDALGE JEUNE
[illegible], RUE DES SAINTS-PÈRES, [illegible]

COURS MOYEN

ARITHMÉTIQUE

ET

SYSTÈME MÉTRIQUE

1,500 EXERCICES

ET

PROBLÈMES

CLASSÉS
D'APRÈS LE PROGRAMME DES COURS D'ÉTUDES PRIMAIRES
PRÉCÉDÉS DE NOTIONS GÉNÉRALES D'ARITHMÉTIQUE
ET DE SYSTÈME MÉTRIQUE

Par **U. AUVERT**
Directeur d'école communale à Paris,
Vice-président de l'Association des membres de l'enseignement.

PARIS
LIBRAIRIE, IMPRIMERIE ET PAPETERIE CLASSIQUES
GEDALGE JEUNE
75, RUE DES SAINTS-PÈRES, 75.

Sceaux. — Typ. et stér. M. et P.-E. Charaire.

AVIS AUX MAITRES.

L'ordre suivi pour la classification de ces exercices est celui du programme tracé dans l'*Organisation pédagogique des écoles publiques de la Seine.* Le système métrique et l'arithmétique devant marcher parallèlement, les questions qui se rapportent au premier objet ont été entremêlées aux autres, mais d'une façon régulière. Les numéros des dizaines et des demi-dizaines (105, 110, 115 etc.) y sont spécialement affectés.

Afin de donner plus de variété aux questions d'application des mesures de surface et des mesures de volume, il a paru nécessaire d'introduire, en même temps que l'étude de ces mesures, celle de quelques figures élémentaires (triangle, rectangle, carré, trapèze et cercle) et successivement de quelques-uns des solides les plus simples (cube, parallélipipède, prisme triangulaire, prisme quadrangulaire, cylindre, puis, plus tard, pyramide et cône). La mesure des aires de ces figures et des volumes de ces solides ne présente guère de difficulté et, en tout cas, les élèves pourront toujours se reporter aux notions préliminaires qui leur indiqueront les moyens de l'obtenir.

On retrouvera d'ailleurs vers la fin de l'année scolaire des questions qui ramèneront à une étude plus complète de ces éléments géométriques.

CLASSEMENT DES EXERCICES.

PARTIE PRATIQUE DU PROGRAMME.

Nos des Exercices.

1 à 200. OCTOBRE. — Rendre un nombre entier ou décimal 10, 100, 1000 fois plus grand ou plus petit. — Addition et soustraction des nombres entiers et des nombres décimaux. — Multiples et sous-multiples décimaux des unités métriques. — Mesures effectives.

201 à 400. NOVEMBRE. — Multiplication des nombres entiers et des nombres décimaux. — Mesures de longueur. — Le mètre; ses multiples et ses sous-multiples. — Degré. — Lieue de poste et lieue commune.

401 à 600. DÉCEMBRE. — Division des nombres entiers et des nombres décimaux. — Mesures de superficie. — Carré; mètre carré, ses multiples et ses sous-multiples. — Are, son multiple et son sous-multiple. — Rapports entre les mesures de superficie proprement dites et les mesures agraires.

601 à 700. JANVIER. — Révision des quatre opérations fondamentales. — Mesures de volume. — Cube. — Mètre cube; ses multiples. — Stère, décastère et décistère. — Rapports entre les mesures de volume proprement dites et les mesures pour les bois de chauffage et de construction.

701 à 800. FÉVRIER. — Caractères de divisibilité par 2, 3, 4, 5, 6, 8, 9 — Simplification des calculs. — Mesures de capacité — Le litre, ses multiples et ses sous-multiples. — Rapports entre les mesures de capacité et les mesures de volume.

801 à 1000. MARS. — Fractions ordinaires. — Réduction au même dénominateur. — Addition et soustraction. — Mesures de poids. — Le gramme, ses multiples et ses sous-multiples. — Quintal et tonne. — Correspondance entre les mesures de poids et les mesures de volume et de capacité; poids d'un litre d'eau, d'un mètre cube, etc.

1001 à 1200. AVRIL. — Multiplication et division des fractions ordinaires. — Conversion des fractions ordinaires en fractions décimales. — Monnaies. — Le franc et ses sous-multiples. — Poids des pièces d'or, d'argent et de bronze. — Valeur relative des monnaies à poids égal; poids relatif de ces monnaies à valeur égale. — Titre des alliages d'or et d'argent.

1201 à 1300. MAI. — Règles de trois et d'intérêt simple. — Mesure du temps.

1301 à 1400. JUIN. — Règles d'escompte et de société. — Surfaces et volumes.

1401 à 1500. JUILLET. — Révision générale.

ARITHMÉTIQUE

ET

SYSTÈME MÉTRIQUE

COURS MOYEN

RÉSUMÉ

DES

PRINCIPES ET NOTIONS.

1. — L'Arithmétique est la science des nombres et du calcul.

2. — Une grandeur ou quantité est tout ce qui peut être augmenté ou diminué.

3. — L'unité est la quantité à laquelle on compare d'autres quantités de la même espèce.

4. — Un nombre est le résultat de la comparaison d'une grandeur à son unité.

5. — Il y a trois sortes de nombres : le nombre entier, la fraction et le nombre fractionnaire.

6. — Un nombre entier est un nombre formé d'une ou plusieurs unités entières.

7. — Une fraction est une ou plusieurs parties de l'unité divisée en parties égales.

8. — Un nombre fractionnaire est un nombre formé d'une ou de plusieurs unités et d'une fraction.

9. On appelle nombre abstrait celui dont l'espèce d'unité n'est pas désignée.

On appelle nombre concret celui dont l'espèce d'unité est désignée.

10. — La numération parlée est la partie de l'Arithmétique qui apprend à exprimer les nombres au moyen de mots particuliers.

11. — La numération écrite est la partie de l'Arithmétique qui apprend à écrire les nombres au moyen de chiffres.

12. — Les chiffres sont les signes à l'aide desquels on écrit les nombres.

Il y a dix chiffres : 0, 1, 2, 3, 4, 5, 6, 7, 8, 9.

13. — Les deux conventions fondamentales de la numération écrite sont :

1° Tout chiffre placé à la gauche d'un autre représente des unités dix fois plus grandes;

2° Le zéro sert à remplacer les ordres d'unités qui manquent.

14. — Les divers ordres sont : unités simples, dizaines, centaines, mille, dizaines de mille, etc.

15. — Tout chiffre a deux valeurs : sa valeur absolue et sa valeur relative.

16. — La valeur absolue d'un chiffre est celle qu'il a par lui-même.

17. — La valeur relative d'un chiffre est celle qu'il tire du rang qu'il occupe.

18. — Pour lire un nombre entier, on le sépare, par des points, en tranches de trois chiffres en commençant par la droite.

La 1re à droite est celle des unités, la 2e est celle des mille, la 3e est celle des millions, etc.

19. — Une fraction décimale est celle qui se compose de parties dix, cent, mille, etc., fois plus petites que l'unité.

20. — Les fractions décimales, lorsqu'elles accompagnent un nombre entier, s'écrivent à la suite de ce nombre, dont on les sépare par une virgule.

S'il n'y a pas d'entier, on écrit 0 à la place des unités.

21. — Un nombre décimal est un nombre qui se compose d'une ou de plusieurs unités et d'une fraction décimale.

22. — Un nombre décimal ne change pas quand on écrit ou qu'on supprime des zéros sur sa droite.

23. — On rend un nombre décimal 10, 100, 1000, etc., fois plus grand en reculant la virgule d'un, deux, trois, etc., rangs vers la droite.

24. — On rend un nombre décimal 10, 100, 1000, etc., fois plus petit en avançant la virgule d'un, deux, trois, etc., rangs vers la gauche.

25. — Quand il s'agit de rendre un nombre entier 10, 100, 1000, etc., fois plus grand ou plus petit, on suppose la virgule placée à la suite des unités simples, et l'on opère comme pour les nombres décimaux.

26. — Les quatre opérations fondamentales de l'Arithmétique sont : l'addition, la soustraction, la multiplication et la division.

27. — Un problème est une question dans laquelle on demande de trouver un ou plusieurs nombres inconnus en opérant sur des nombres donnés.

28. — La solution d'un problème est la suite de raisonnements

et l'indication des opérations que l'on fait pour trouver le résultat demandé.

29. — La preuve d'une opération est une seconde opération que l'on fait pour s'assurer qu'on ne s'est pas trompé dans la première.

30. — L'addition est une opération par laquelle on réunit plusieurs nombres en un seul.

Le résultat s'appelle somme ou total.

31. — La soustraction est une opération par laquelle on retranche un nombre d'un autre.

Le résultat s'appelle reste ou différence.

32. — La multiplication est une opération par laquelle on répète un nombre appelé multiplicande autant de fois qu'il y a d'unités dans un autre nombre appelé multiplicateur.

Le résultat se nomme produit.

Définition générale. — La multiplication est une opération par laquelle. étant donnés deux nombres, l'un appelé multiplicande et l'autre appelé multiplicateur, on cherche un 3e nombre, appelé produit, qui soit formé avec le multiplicande comme le multiplicateur est formé avec l'unité.

33. — Le multiplicande et le multiplicateur sont les *facteurs* du produit.

34. — Si l'on rend un des facteurs 2, 3, 4, etc., fois plus grand, le produit sera 2, 3, 4, etc., fois plus grand.

35. — La multiplication des nombres décimaux se fait comme celle des nombres entiers, mais il faut séparer sur la droite du produit autant de décimales qu'il y en a dans les deux facteurs.

36. — Un produit ne change pas quand on intervertit l'ordre de ses facteurs.

37. — 1re *Définition.* — La division est une opération par laquelle on partage un nombre appelé dividende en autant de parties qu'il y a d'unités dans un autre nombre appelé diviseur.

Le résultat se nomme quotient.

2e *Définition.* — La division est une opération par laquelle on cherche combien de fois un nombre appelé dividende en contient un autre appelé diviseur.

Définition générale. — La division est une opération par laquelle, connaissant un produit appelé dividende et l'un de ses facteurs appelé diviseur, on cherche l'autre facteur appelé quotient.

38. — Si l'on multiplie le dividende par un nombre, le quotient deviendra le même nombre de fois plus grand.

Si l'on multiplie le diviseur par un nombre, le quotient deviendra le même nombre de fois plus petit.

Si l'on multiplie le dividende et le diviseur par un même nombre, le quotient ne changera pas.

39. — La division d'un nombre décimal par un nombre entier e fait comme celle d'un nombre entier par un nombre entier;

mais on écrit une virgule au quotient après avoir employé le dernier chiffre de la partie entière du dividende.

40. — Quand le diviseur est décimal, on y supprime la virgule et l'on avance celle du dividende d'autant de rangs vers la droite qu'il y avait de décimales au diviseur.

41. — On appelle multiple d'un nombre tout produit de ce nombre par un nombre entier.

42. — On appelle facteur ou sous-multiple d'un nombre tout nombre entier qui le divise exactement.

43. — On appelle puissance tout produit de nombres égaux entre eux.

44. — La 2e puissance ou le produit d'un nombre par lui-même s'appelle carré.

45. — La 3e puissance ou le produit d'un nombre pris 3 fois comme facteur s'appelle cube.

46. — Un nombre est divisible par :

2 lorsque son dernier chiffre est pair ou zéro;

3 lorsque la somme de ses chiffres pris dans leur valeur absolue est 3 ou un multiple de 3;

4 lorsque les deux derniers chiffres à droite forment un multiple de 4;

5 lorsqu'il est terminé par 0 ou par 5;

6 lorsqu'il est divisible par 2 et par 3;

8 lorsque ses 3 derniers chiffres à droite forment un multiple de 8;

9 lorsque la somme de ses chiffres pris dans leur valeur absolue est 9 ou un multiple de 9.

47. — Un nombre premier est un nombre qui n'est divisible que par lui-même ou par l'unité.

48. — On appelle nombres premiers entre eux des nombres qui n'ont pas de diviseur commun.

49. — Les facteurs premiers d'un nombre sont les plus petits nombres possibles qui, multipliés les uns par les autres, reproduisent le premier.

50. — Le plus petit commun multiple de plusieurs nombres est le plus petit nombre possible qui puisse être divisé exactement par ces nombres.

51. — Le plus grand commun diviseur de plusieurs nombres est le plus grand nombre qui puisse les diviser sans reste.

---

52. — Une fraction est une ou plusieurs parties de l'unité divisée en parties égales.

53. — Une expression fractionnaire est un nombre égal ou supérieur à l'unité écrit sous forme de fraction.

54. — Une fraction se compose de deux termes : le numérateur et le dénominateur.

55. — Le numérateur indique combien on a pris de parties de l'unité.

56. — Le dénominateur indique en combien de parties l'unité a été divisée.

57. — 1er *Principe.* — Lorsqu'on multiplie le numérateur d'une fraction par un nombre, la fraction est multipliée par ce nombre.

58. — 2e *Principe.* — Lorsqu'on multiplie le dénominateur d'une fraction par un nombre, la fraction est divisée par ce nombre.

59. — 3e *Principe.* — Lorsqu'on divise le numérateur d'une fraction par un nombre, la fraction est divisée par ce nombre.

60. — 4e *Principe.* — Lorsqu'on divise le dénominateur d'une fraction par un nombre, la fraction est multipliée par ce nombre.

61. — *Conséquence.* — Lorsqu'on multiplie ou qu'on divise les deux termes d'une fraction par un même nombre, la fraction ne change pas de valeur.

62. — L'intérêt d'une somme est le bénéfice produit par une somme prêtée.

63. — Le capital est la somme prêtée.

64. — Le taux est l'intérêt de 100 francs pendant un an.

65. — L'escompte est la retenue faite sur un billet payé avant son échéance.

66. — La rente est l'intérêt que l'État paie pour les sommes qu'il a empruntées.

67. — Dans le calcul des intérêts, l'année est comptée de 360 jours, et les mois de 30 jours.

68. — Lorsque les dates sont indiquées, on compte les mois pour le nombre réel de leurs jours.

SYSTÈME MÉTRIQUE.

69. — Mesurer une quantité, c'est chercher combien de fois cette quantité en contient une autre prise pour unité.

70. — Il y a six sortes de mesures :

1° Les mesures de longueur;
2° — de surface ou de superficie ;
3° — de volume ou de solidité ;
4° — de contenance ou de capacité ;
5° — de poids;
6° — de valeur ou monnaies.

71. — Le système métrique est l'ensemble des mesures qui ont pour base le mètre.

72. — Le mètre est égal à la dix-millionième partie du quart du méridien terrestre.

73. — Le méridien est un grand cercle qui entoure la terre en passant par les pôles.

74. — L'unité des mesures de longueur est le mètre.
— de surface en général est le mètre carré.
— de surfaces agraires est l'are.

L'unité des mesures de volume en général est le mètre cube.
— de volume pour le bois, le stère.
— de contenance, le litre.
— de poids, le gramme.
— de valeur (monnaies), le franc.

75. — Signification des préfixes de la nomenclature décimale :

Myria	veut dire	10 000.
Kilo	—	1 000.
Hecto	—	100.
Déca	—	10.
UNITÉ	—	1.
déci	—	0,1.
centi	—	0,01.
milli	—	0,001.

76. — On appelle mesures effectives celles qui existent réellement.

77. — Les mesures fictives ou mesures de compte sont celles qui n'existent pas réellement.

Mesures de longueur.

78. — Le mètre est l'unité des mesures de longueur.

79. — Le mètre est égal à la dix-millionième partie du quart du méridien terrestre.

80. — *Multiples du mètre.* *Sous-multiples du mètre.*

Décamètre	(Dm)	10 m.	décimètre	(dm)	0,1 m.
Hectomètre	(Hm)	100 m.	centimètre	(cm)	0,01.
Kilomètre	(Km)	1 000 m.	millimètre	(mm)	0,001.
Myriamètre	(Mm)	10 000 m.			

81. — Les mesures effectives de longueur sont :

Mètre,
Double-mètre,
demi-décamètre,
décamètre,
double-décamètre,
demi-mètre,
double-décimètre,
décimètre.

82. — *Remarque.* — Les mesures effectives sont établies d'après la série : 1, 2, 5, 10, ce qui revient à dire que chaque multiple a son double et sa moitié.

83. — Le double-mètre, le mètre et les mesures plus petites sont en bois, en baleine, en ivoire ou en métal. Les mètres pliants sont formés de décimètres ou de doubles-décimètres réunis de manière à pouvoir se replier.

Le demi-décamètre, le décamètre, le double-décamètre sont formés par des tiges en fer de 2 décimètres réunies par des anneaux.

84. — L'hectomètre, le kilomètre et le myriamètre servent à évaluer les distances de chemin et sont appelés mesures *itinéraires*.

Mesures de surface.

85. — Le mètre carré est l'unité des mesures de surface en général.

86. — Un mètre carré est un carré qui a 1 mètre de côté.
Un décamètre carré — 1 Dm —
Un hectomètre carré — 1 Hm — etc.

87. — Le mètre carré (mq) vaut 100 décimètres carrés;
le décimètre carré (dmq) — 100 centim. carrés;
le centimètre carré (cmq) — 100 millim. carrés.
le décamètre carré (Dmq) — 100 mètres carrés;
l'hectomètre carré (Hmq) — 100 Dmq ou 10 000 mq;
le kilomètre carré (Kmq) — 100 Hmq ou 10 000 Dmq ou 1 000 000 mq, etc.

88. — *Remarque.* — Le Dmq, l'Hmq, etc., étant des multiples 100, 10 000, etc., fois plus grands que le mq, doivent s'écrire au rang des centaines, dizaines de mille, etc.

De même, le dmq, le cmq, étant des centièmes, dix-millièmes de mq, doivent s'écrire au rang des centièmes, dix-millièmes, etc.

89. — Le mètre carré sert à évaluer les travaux de peinture, de menuiserie, etc., qui se paient au mètre superficiel.

90. — L'hectomètre carré, le kilomètre carré, le myriamètre carré, qui servent à évaluer les grandes surfaces, sont appelés mesures *topographiques*.

91. — L'are est l'unité des mesures agraires.

92. — L'are vaut 100 mq ou 1 Dmq.

93. — Le seul multiple de l'are est l'hectare (Ha).
Le seul sous-multiple de l'are est le centiare (ca).
L'hectare vaut 100 ares ou 10 000 mq ou 1 Hmq.
Le centiare vaut le centième de l'are ou 1 mq.

94. — Toutes les mesures de surface sont fictives.

Mesures de volume.

95. — Le mètre cube est l'unité des mesures de volume en général.

96. — Un mètre cube est un cube qui a 1 mètre de côté.
Un décimètre cube est un cube qui a 1 décimètre de côté.
Un centimètre cube est un cube qui a 1 centimètre de côté.

97. — Le mètre cube (mc) = 1 000 décimètres cubes.
Le décimètre cube (dmc) = 1 000 centimètres cubes.
Le centimètre cube (cmc) = 1 000 millim. cubes.
Le mc = donc 1 000 × 1 000 = 1 000 000 cmc, etc.

98. — *Remarque.* — Le dmc, le cmc, etc., étant des millièmes, des millionièmes, etc., du mc, doivent s'écrire au rang des millièmes, des millionièmes, etc.

99. — Le mètre cube sert à évaluer les travaux de terrassement, de maçonnerie, les blocs de pierre, etc.

100. — Les mesures de volume sont fictives.

101. — Le stère est l'unité des mesures de volume pour le bois de chauffage.

102. — Le stère vaut 1 mc.

103. — Le seul multiple du stère est le décastère.
Le seul sous-multiple du stère est le décistère.

104. — Les mesures effectives pour le bois sont : le stère, le double stère et le demi-décastère.

Mesures de contenance.

105. — Le litre est l'unité des mesures de contenance.

106. — Le litre vaut 1 dmc.

107. — *Multiples du litre.* / *Sous-multiples du litre.*

Multiples du litre.		*Sous-multiples du litre.*	
Décalitre (Dl)	10 litres.	Décilitre (dl)	0,1 lit.
Hectolitre (Hl)	100 —	Centilitre (cl)	0,01
Kilolitre (Kl)	1 000 —	Millilitre (ml)	0,001.

108. — Les mesures effectives de capacité sont :

Le litre,
le double-litre,
le demi-décalitre,
le décalitre,
le double-décalitre,
le demi-hectolitre,
l'hectolitre,
le double-hectolitre.

le demi-litre,
le double-décilitre,
le décilitre,
le demi-décilitre,
le double-centilitre,
le centilitre.

109. — Les mesures effectives de contenance sont en bois pour les matières sèches, et en étain, en fer-blanc, en cuivre ou en tôle pour les liquides.

110. — Les mesures en bois comprennent depuis le demi-décilitre jusqu'au double-hectolitre.

111. — Les mesures en étain ou en fer-blanc comprennent depuis le centilitre jusqu'au double-litre.

112. — Les grandes mesures en cuivre et en tôle comprennent depuis le demi-décalitre jusqu'au double-hectolitre.

113. — Les mesures en étain sont des cylindres dont la hauteur est double du diamètre de la base.

Toutes les autres mesures sont des cylindres dont la hauteur est égale au diamètre.

Mesures de poids.

114. — Le gramme est l'unité des mesures de poids.

115. — Le gramme est égal au poids d'un cmc. d'eau distillée.

116. — *Multiples du gramme.* *Sous-multiples du gramme.*

Décagramme (Dg)	10 gr.	décigramme (dg)	0,1 gr.
Hectogramme (Hg)	100 gr.	centigramme (cg)	0,01 gr.
Kilogramme (Kg)	1 000 gr.	milligramme (mg)	0,001 gr.
Myriagramme (Mg)	10 000 gr.		

117. — Dans les pesées ordinaires, on prend le kilogramme pour unité.

118. — Les mesures effectives de poids sont :

les poids de 1, 2, 5 grammes.	1, 2, 5 décigrammes.
1, 2, 5 décigr.	1, 2, 5 centigr.
1, 2, 5 hectogr.	1, 2, 5 milligr.
1, 2, 5 myriagr.	

119. — Les poids sont en fonte depuis le demi-Hg jusqu'au poids de 50 Kg, ou en cuivre depuis le gramme jusqu'au poids de 20 Kg.

120. — Au-dessous du gramme, les poids sont de petites lames de cuivre.

121. — Un quintal est le poids de 100 Kg.

122. — Une tonne est le poids de 1 000 Kg.

123. — Le cmc d'eau pesant 1 gramme :

Un litre ou un dmc d'eau pèse	1 Kg.
Un décalitre d'eau pèse	10 Kg.
Un hectolitre d'eau pèse	100 Kg.
Un mètre cube d'eau pèse	1 000 Kg.

124. — La densité d'un corps est le poids d'un décimètre cube de ce corps.

125. — DENSITÉ DE DIVERS CORPS.

Air	0kg,001293	Hydrogène pur	0kg,00009
Alcool	0,78	— carboné (gaz d'écl.)	0,0006
Aluminium	2,67	Lait	1,03
Argent	10,47	Liége	0,25
Chêne	0,8	Marbre	2,73
Cuivre	8,85	Mercure	13,50
Eau distillée	1	Or	19,36
Eau de mer	1,026	Platine	23
Essence	0,85	Plomb	11,35
Étain	7,3	Sapin	0,40
Fer en barre	7,8	Terre végétale	1,40
Fonte	7,20	Verre	2,48
Houille	1,33	Vin	0,98
Huile d'olive	0,91	Zinc	6,86

Monnaies.

126. — Le franc est l'unité des monnaies.

127. — Le franc pèse 5 grammes.

128. — *Multiples du franc.*
Pièce de 10 fr.
Pièce de 100 fr.

Sous-multiples du franc.
Décime 0f,1
Centime 0f,01.

129. — Les pièces de monnaie sont de :

1, 2, 5 francs,
10, 20, 50 francs,

1, 2, 5 centimes,
10, 20, 50 centimes.

130. — Les pièces de 5, 10, 20, 100 fr. sont en or.
Les pièces de 0,20, 0,50, 1, 2, 5 fr. sont en argent.
Les pièces de 1, 2, 5, 10 centimes sont en bronze.

131. — Outre la monnaie métallique, il y a encore les billets de Banque de 20f, 50f, 100f, 200f, 500f, 1 000f.
Ces billets sont émis par la Banque de France.

132. — On appelle titre d'un alliage le rapport du métal précieux au poids total.

133. — Les pièces d'or sont un alliage de 9 parties d'or et de 1 de cuivre. Elles sont donc au titre de 0,900.

134. — Les pièces de 5 fr. en argent sont au titre de 0,900.

135. — Les autres pièces d'argent sont au titre de 0,835.

136. — Le métal des pièces de bronze est un alliage de 95 parties de cuivre, 4 d'étain et 1 de bronze.

137. — Il y a dans l'orfèvrerie et la bijouterie, pour les objets d'or, 3 titres : 0,920, 0,840, 0,750 ; pour les objets d'argent, 2 titres : 0,950 et 0,800.

---

138. — L'année civile est de 365 jours, le jour vaut 24 heures, l'heure 60 minutes, la minute 60 secondes.

139. — Toute circonférence se divise en 360 degrés, le degré en 60 minutes et la minute en 60 secondes.

Mesure des surfaces et des solides.

140. — Un triangle est une figure plane renfermée entre trois droites.

141. — La hauteur d'un triangle est la perpendiculaire abaissée du sommet sur la base.

142. — Un quadrilatère est une figure plane de quatre côtés.

143. — Le parallélogramme est un quadrilatère dont les côtés opposés sont égaux et parallèles.

144. — La hauteur d'un parallélogramme est la perpendiculaire menée entre deux côtés parallèles.

145. — Le rectangle est un parallélogramme dont les angles sont droits.

146. — La hauteur d'un rectangle est l'un de ses côtés.

147. — Le carré est un parallélogramme dont les côtés sont égaux et les angles droits.

148. — Le losange est un parallélogramme dont les côtés sont égaux, mais dont les angles ne sont pas droits.

149. — Le trapèze est un quadrilatère dont deux côtés seulement sont parallèles.

150. — La circonférence est une ligne courbe dont tous les points sont également distants d'un point intérieur appelé centre.

151. — Le rayon (R) est la droite menée du centre à la circonférence.

152. — Le diamètre (2R) est une droite qui, passant par le centre, se termine de part et d'autre à la circonférence.

153. — Le rapport constant d'une circonférence à son diamètre est 3,1416 qu'on représente souvent par π (pi).

154. — La circonférence est égale au diamètre multiplié par le rapport 3,1416 ($2R \times \pi$ ou $2\pi R$).

155. — La surface d'un carré est égale au produit de son côté par lui-même (c^2).

156. — La surface d'un rectangle ou d'un parallélogramme est égale au produit de sa base par sa hauteur (BH).

157. — La surface d'un triangle est égale à la moitié du produit de sa base par sa hauteur $\left(\frac{BH}{2}\right)$.

158. — La surface d'un trapèze est égale au produit de la demi-somme de ses bases par la hauteur $\frac{(B+b)H}{2}$.

159. — La surface d'un cercle s'obtient en multipliant le carré du rayon par 3,1416 (πR^2).

160. — Un cube est un solide terminé par six carrés égaux.

161. — Un prisme est un solide dont les faces latérales sont des parallélogrammes, et les bases deux polygones égaux et parallèles.

162. — Si les bases du prisme sont des carrés ou des rectangles, le prisme est un parallélipipède.

163. — Le cylindre est un solide produit par la révolution d'un rectangle tournant sur un de ses côtés.

164. — La pyramide est un solide dont la base est un polygone quelconque et dont les faces sont des triangles ayant pour sommet commun un point qui est le sommet de la pyramide.

165. — Le cône est un solide produit par la révolution d'un triangle rectangle tournant sur un des côtés de l'angle droit.

166. — La sphère est un solide produit par la révolution d'un demi-cercle tournant autour de son diamètre.

167. — Le volume d'un cube est égal au produit d'une de ses arêtes prise trois fois comme facteur (c^3).

168. — Le volume d'un prisme est égal au produit de la surface de sa base par sa hauteur.

169. — Le volume d'un cylindre est égal au produit du cercle de sa base par sa hauteur ($\pi R^2 H$).

170. — Le volume de la pyramide est égal au tiers du produit de la surface de sa base par sa hauteur.

171. — Le volume du cône est égal au tiers du produit du cercle de sa base par sa hauteur $\left(\frac{\pi R^2 H}{3}\right)$.

172. — La surface de la sphère est égale à quatre fois celle d'un de ses grands cercles ($4\pi R^2$).

173. — Le volume de la sphère est égal à sa surface multipliée par le tiers du rayon $\left(\frac{4\pi R^3}{3}\right)$.

EXERCICES ET PROBLÈMES.

1. — 347,05 + 256,40 + 538,75.
2. — 72,08 + 48,35 + 53,65.
3. — 84,62 + 37,82 + 56,37.
4. — 8,45 + 17,05 + 58,45.
5. — 56 + 3,075 + 4,256.
6. — 3,705 + 4,28 + 5,925.
7. — 23,45 + 70,356 + 27,408.
8. — 435,28 + 715,04 + 894,25.
9. — 28,64 + 49,758 + 78,048.
10. — 7428,2 + 386,005 + 247,555.
11. — 3925,05 + 347,87 + 840,73.
12. — 4729,35 + 3847,53 + 4915,66 + 739,05.
13. — 475,65 + 386,74 + 720,15 + 286,75.
14. — 23,85 + 409,67 + 328,15 + 47,635.
15. — 48,6 + 54,37 + 63,79 + 18,075.
16. — 405,28 + 49,05 + 37,235 + 48,056.
17. — 37,078 + 3,082 + 4,718 + 8,256.
18. — 7,503 + 4,215 + 17,56 + 23,45.
19. — 17,50 + 23,75 + 14,86 + 23,03.
20. — 17,05 + 48,35 + 47,175 + 57,348.
21. — 0,735 + 0,48 + 0,86 + 0,15 + 0,32.
22. — 0,37 + 1,52 + 2,35 + 3,17 + 4,50.
23. — 3,25 + 0,17 + 1,005 + 3,057.
24. — 2,2375 + 2,1456 + 3,0752 + 4,0817.
25. — 3,0267 + 5,0362 + 4,7156 + 2,2465.
26. — 24,05 + 3,705 + 4,108 + 3,756 + 4,078.
27. — 4,008 + 5,173 + 4,056 + 1,7085 + 3,2675.
28. — 3,175 + 3,209 + 5,34 + 0,265 + 0,328.
29. — 4,17 + 5,018 + 3,708 + 4,3256.
30. — 5,60 + 9,148 + 8,148 + 7,0345.
31. — 5,35 + 4,17 + 5,607 + 3,205.
32. — 6,88 + 3,05 + 4,0328 + 3,7512.
33. — 5,48 + 0,75 + 0,175 + 10,248 + 1,615.
34. — 21,07 + 2,35 + 13,075 + 2,175 + 3,250.
35. — 3,25 + 4,17 + 4,08 + 6,125 + 9,078.
36. — 54,09 + 5,38 + 4,17 + 10,328 + 0,756.
37. — 3,072 + 248 + 37,56 + 23,165.

38. — 24,67 + 32,37 + 15,48 + 30,36.
39. — 48,5 + 17,29 + 47,05 + 78,15.
40. — 205,4 + 325,72 + 14,306 + 36,273.
41. — 436,72 + 360,15 + 286,05 + 432,8 + 525,85.
42. — 37,4 + 428,0409 + 27,056 + 49,285.
43. — 60,04 + 18,42 + 15,074 + 4,508 + 14,9305.
44. — 3,06 + 47,672 + 4,156 + 15,087 + 28,048.
45. — 17,05 + 4,738 + 3,156 + 47,032 + 17,05.
46. — 328,05 + 309,07 + 3,0473 + 5,4925.
47. — 78,480 + 3,109 + 5,425 + 3,708 + 5,065.
48. — 15,427 + 3,105 + 4,3675 + 2,7315.
49. — 3,4845 + 4,1705 + 2,3386 + 4,3268.
50. — 4,260 + 3,4725 + 4,0728 + 1,7306.

51. — 298,7 — 168,9.
52. — 768,5 — 369,7.
53. — 809,4 — 309,8.
54. — 479,05 — 356,24.
55. — 732,4 — 378,75.
56. — 247,06 — 187,48.
57. — 4928,5 — 2275,75.
58. — 7649,25 — 3563,4.
59. — 8475,3 — 4708,5.
60. — 9468,17 — 3529,35.
61. — 7248,5 — 3956,805.
62. — 8405,7 — 3609,15.
63. — 7672,56 — 3928,07.
64. — 3928,17 — 1543,45.
65. — 4902,05 — 3907,18.
66. — 14928,7 — 8534,86.
67. — 36504,8 — 17928,75.
68. — 49356,10 — 35249,06.
69. — 38706,09 — 17396,48.
70. — 45926,14 — 18437,35.
71. — 63927,05 — 47670,48.
72. — 4925,365 — 947,468.
73. — 5286,17 — 864,245.
74. — 4318,65 — 745,48.
75. — 3928,56 — 378,75.
76. — 4925,40 — 387,07.
77. — 417,25 — 248,305.
78. — 34,76 — 17,387.
79. — 730,42 — 49,19.
80. — 475,8 — 49,3728.
81. — 673,4 — 375,64.
82. — 928,56 — 48,705.
83. — 750,4 — 98,456.
84. — 57,23 — 34,7568.
85. — 470,375 — 173,9287.
86. — 369125,08 — 47615,085.
87. — 100000 — 47628,48.
88. — 60472,3 — 47569,68.
89. — 17463,7 — 9370,854.
90. — 35806,4 — 7409,6.
91. — 48275,3 — 3918,082.
92. — 75360,04 — 9473,56.
93. — 18904,07 — 9608,365.
94. — 7653,48 — 3928,506.
95. — 8164,7 — 3925,86.
96. — 7425 3 — 4918,673.
97. — 43918 — 2629,05.
98. — 7408.55 — 3623,48.
99. — 2918,6 — 763,95.
100. — 7356,2 — 4629,368.

101. — Combien valent 100 pommes à 0 fr. 05 pièce

102. — On emplit un tonneau en y versant une première fois

147 litres 25 et une deuxième fois 81 litres 50. Quelle est la contenance de ce tonneau ?

103. — Un libraire avait, au commencement de l'année, 3 568 volumes ; à la fin de l'année, il n'en a plus que 589. Combien en a-t-il vendu?

104. — Un enfant avait 4 fr. 75, il a dépensé 3 fr. 05. Combien lui reste-t-il ?

105. — Écrire la valeur du mot unité et des préfixes : déca, hecto, kilo, myria ; puis des préfixes : déci, centi, milli.

106. — J'ai mis de côté 78 fr. 50, puis 47 fr. 20, puis 65 fr. 80. Quel est le total de mes économies ?

107. — Combien coûtent 10 œufs à 0 fr. 06 pièce?

108. — J'ai 10 boîtes qui contiennent chacune 144 plumes. Combien cela fait-il de plumes en tout?

109. — Une personne est née en 1838; quel âge aura-t-elle en 1890 ?

110. — Combien 5 déca font-ils d'unités ?
— 8 hecto — ?
— 4 kilo — ?

111. — Une propriété contenait 247 800 mètres carrés de terrain ; on en a vendu 13 576 mètres. Dites l'étendue de ce qui reste.

112. — Un jeune homme achète un paletot de 62 fr. 50, un pantalon de 28 fr. et un gilet de 9 fr. 75. Combien a-t-il à payer?

113. — Une tige de cuivre avait $2^m,625$, on en coupe $0^m,89$. Dites la longueur de ce qui reste.

114. — A raison de 1 fr. le litre de vin, combien doit-on payer pour 10 tonneaux qui en contiennent chacun 135 litres ?

115. — Combien le kilo vaut-il d'hecto ? de déca ? d'unités ?

116. — Les Romains ont conquis la Gaule en l'an 51 avant Jésus-Christ. La bataille de Soissons a mis fin à leur domination qui avait duré 537 ans. Dites la date de cette bataille.

117. — Deux ouvriers ont fait ensemble $536^m,75$ d'ouvrage ; si le premier en a fait $238^m,90$, combien le deuxième en a-t-il fait ?

118. — Le mille d'œufs coûte 50 fr. Combien vaut l'œuf?

119. — On a mis dans un wagon 10 caisses pesant chacune 24 kilog. 5, et 10 autres caisses pesant chacune 18 kilog. 7. Quelle est la charge de ce wagon ?

120. — Exprimez en unités : 1° 23 hecto; — 2° 5 kilo; — 3° 4 déca.

121. — Combien faut-il revendre une maison qui a coûté 12 847 fr. pour gagner 3 520 fr.?

122. — J'avais 357 fr. 60, mais j'ai payé 259 fr. 80 que je devais. Combien me reste-t-il?

123. — J'ai à payer 3 452 fr. 75, mais on me fait une remise de 18 fr. 25; combien ai-je à débourser ?

124. — J'ai acheté un champ 768 fr. 15, mais on me réclame en outre 39 fr. 40 pour les frais de la vente. A combien me revient réellement ce champ ?

125. — Combien faut-il de déci pour faire 2 unités ?
— centi — 3 déca ?

126. — Une ménagère va au marché avec 27 fr. 50 ; elle achète un poulet de 5 fr. 25 et un gigot de 6 fr. 75. Combien lui reste-t-il d'argent ?

127. — Combien paiera-t-on pour 100 mètres de toile à 2 fr. 50 le mètre ?

128. — 100 litres de vin ayant coûté 65 fr., à combien revient le litre ?

129. — Un caissier a dans son tiroir 350 fr. 34 ; il reçoit le montant d'une facture de 128 fr. 50, et il paie lui-même une facture de 356 fr. 47. Combien doit-il lui rester dans son tiroir ?

130. — Exprimez en unités 48 kilo 5 déca ; — 4 hecto 8 unités.

131. — Le cent de volumes valant 360 fr., quel est le prix d'un volume ?

132. — Le père gagne par jour 6 fr. 50, la mère 2 fr. 75 et l'enfant 1 fr. 25 ; la dépense de la famille étant de 9 fr. 85, combien peut-elle économiser par jour ?

133. — Le mille d'oranges valant 150 fr., que vaut une orange ?

134. — Une ménagère achète 3 fr. 80 de café et 2 fr. 75 de sucre ; il lui reste encore 4 fr. 05. Combien avait-elle ?

135. — En 53 kilo combien de déca ?
en 53 hecto — ?

136. — J'ai dépensé 25 fr. 60, j'en ai prêté 10, perdu 3 ; combien me reste-t-il, sachant que j'avais 68 fr. 25 ?

137. — Il y a dans une école 4 classes : la 1re renferme 43 élèves, la 2e 56, la 3e 68 et la 4e 17 élèves de plus que la 1re. Combien y a-t-il d'élèves en tout dans l'école ?

138. — Une armée comptait 100 000 soldats ; après une bataille, il n'en reste plus que 75 384 valides et 6 847 blessés. Combien y a-t-il eu de morts ?

139. — De Paris à Marseille, on compte 863 kilom. en passant par Dijon et Lyon. De Paris à Dijon, il y a 304 kilom., de Dijon à Lyon il y a 208 kilom. Quelle est la distance de Lyon à Marseille ?

140. — De 37 hecto ôtez 25 déca. — De 3 kilo ôtez 45 déca.

141. — Napoléon Ier est né en 1769. Il est mort à l'âge de 52 ans. En quelle année ?

142. — Un meuble a été vendu 287 fr. 50, mais à ce compte on perd 52 fr. 75. Combien avait-il coûté ?

143. — Un mètre superficiel de terrain valant 0 fr. 25, combien valent 10 000 mètres superficiels de ce terrain ?

144. — Un tonneau plein d'eau pèse 263 kilog. 754 ; vide, il pèse 28 kilog. 075. Dites le poids de l'eau qu'il contient.

145. — En 357 unités, combien d'hecto et de déca ?
En 4 260 déci — — ?

146. — Dites la recette hebdomadaire d'un commerçant qui a reçu : lundi 347 fr. 25, mardi 703 fr. 43, mercredi 92 fr. 68, jeudi 268 fr., vendredi 860 fr. 15 et samedi 540 fr. 56.

147. — Un père laisse 52 000 fr. à ses deux enfants : l'aîné a eu 28 000 fr. Combien a-t-il eu de plus que son frère ?

148. — On paie 6 fr. 50 pour un voyage de 100 kilom. en chemin de fer. Combien paierait-on pour un voyage de 10 kilom.?

149. — Écrivez le nombre 4 357, puis au-dessous un nombre 10 fois plus petit, puis un autre 100 fois plus petit, puis un autre 1 000 fois plus petit, et additionnez ces quatre nombres.

150. — Combien d'hecto dans 48 925 unités ?
— de déca dans 17 300 unités ?

151. La population de Lyon est de 325 800 habitants, celle de Marseille est de 315 600 habitants. De combien la population de Paris, qui est de 1 794 300 habitants, dépasse-t-elle la population réunie de ces deux villes ?

152. — Une maison a coûté 4 528 fr.; en la revendant, on gagne 357 fr. Combien aurait-il fallu la vendre pour gagner encore 443 fr. de plus ?

153. — Sachant que 10 centimes pèsent 10 grammes, que pèsent 100 pièces de 10 centimes ?

154. — Combien y a-t-il de siècles dans 1875 ans ?

155. — Combien d'unités font 1 000 fois 5 déci ?
— 100 fois 4 déca ?
— 10 fois 3 kilo ?

156. — En revendant un cheval 847 fr., on gagne 53 fr. Combien aurait-il fallu le revendre pour gagner encore autant ?

157. — Combien 23 457 centimes font-ils de francs, sachant qu'il faut 100 centimes pour faire un franc ?

158. — Un boucher achète 10 bœufs qui pèsent chacun en moyenne 386 kilog. 5, 10 veaux qui pèsent chacun 93 kilog. 5 et 10 moutons qui pèsent chacun 24 kilog. 5. Dites le poids total de ces 30 animaux.

159. — Dites la population du globe, sachant qu'il y a : en Europe 280 000 000 d'habitants, en Asie 675 000 000, en Afrique 100 000 000, en Amérique 75 000 000 et en Océanie 35 000 000.

160. — Si de 18 hecto on retranche 5 déca, combien restera-t-il d'unités ?

161. — Un franc en argent pèse 5 grammes. Que pèsent 100 fr. en argent ? — 1 000 fr. ?

162. — Si l'on paie 1 fr. pour le transport de 100 kilog. de

marchandises, combien paiera-t-on pour le transport de 4 386 kilog.?

163. — Sur un mémoire de 4 325 fr., j'ai payé une 1re fois 1 520 fr. 60 et une 2e fois 2 468 fr. 50. Combien redois-je?

164. — Ma montre m'a coûté 142 fr. 25, j'ai payé 6 fr. 50 pour la faire réparer et je la revends 125 fr. Quelle est ma perte?

165. — Exprimez en centi : 4 déca 5 unités 6 déci.
— déci : 3 hecto 6 déca 7 unités.
— centi : 5 hecto 8 unités.

166. — Le cent de cahiers vaut 4 fr. 50, à combien revient un cahier? — le mille?

167. — Si j'avais 38 fr. 25 de plus, je pourrais payer 60 fr. que je dois. Combien ai-je?

168. — En revendant 53 925 fr. une maison qui a coûté 40 000 fr., on gagne 9 640 fr. Pour quelle somme y a-t-on fait de réparations?

169. — La pièce de 100 fr. en or pèse 32 grammes 258. Combien pèse la pièce de 10 fr.?

170. — Additionnez 3 myria 5 kilo, 7 kilo 9 hecto, 7 kilo 9 déca et 4 hecto 3 unités.

171. — Si j'avais 3 524 fr. de plus, je pourrais acheter une maison de 12 925 fr. et un jardin de 3 915 fr. Combien ai-je?

172. — Notre-Dame de Paris a été commencée en 1162. Combien s'est-il écoulé d'années depuis sa fondation jusqu'en 1875?

173. — Un élève achète : une grammaire de 0 fr. 75, une histoire de France de 0 fr. 80, une géographie de 0 fr. 85 et un atlas de 1 fr. 25. Combien lui rendra-t-on sur 5 francs?

174. — Un champ a coûté 2 850 fr. On a dépensé pour l'améliorer 352 fr. Combien faut-il le revendre pour gagner 200 fr.?

175. — Additionnez 47 unités 25 centi avec 23 unités 428 milli et retranchez-en 2 déca 9 centi.

176. — J'ai 5 000 fr. à payer, et je n'ai que 3 850 fr. Si je vendais un terrain pour 4 600 fr., combien me resterait-il après avoir payé ma dette?

177. — Un négociant a trois billets à payer : le premier de 568 fr. 25, le deuxième de 738 fr. 40 et le troisième de 1 586 fr. 75. Quelle somme doit-il se procurer s'il n'a que 1 800 fr.?

178. — Un marchand de volailles porte au marché 128 poulets, 53 canards, 67 pigeons et 48 oies. Il vend 100 poulets, 45 canards, 52 pigeons et 39 oies. Combien rapporte-t-il de pièces?

179. — Une personne qui possède 67 850 fr. hérite de 15 920 fr. Combien lui manque-t-il encore pour avoir 100 000 fr.?

180. — Écrivez en unités un nombre 100 fois plus grand

que 7 déca 5 déci, et un nombre 1 000 plus grand que 3 unités 5 centi.

181. — Je dois 8 924 fr. 75. Combien faut-il que je paie pour ne devoir plus que 2 500 fr. ?

182. — Un fermier achète un porc 19 fr. 50. Au bout de cinq mois, il le revend 75 fr. Quel est son bénéfice si la nourriture et l'entretien de l'animal lui ont coûté 28 fr. ?

183. — Un industriel a besoin d'une somme de 50 000 fr. pour une entreprise, mais il ne possède que 35 428 fr. Combien doit-il emprunter ?

184. — Une propriété contenait 245 834 mètres carrés. On en a vendu d'abord 37 204 mètres, puis 48 308 mètres, puis 42 425 mètres. Dites l'étendue de ce qui reste.

185. — Exprimez en milli 345 hecto.
— 7 déca.

186. — Deux associés ont fait un fonds commun de 24 000 fr.; le premier n'a mis que 9 000 fr. Combien doit-il remettre encore pour que sa mise soit égale à celle du deuxième ?

187. — Trois héritiers ont à se partager 20 000 fr. ; le premier doit avoir 6 400 fr. et le deuxième 800 fr. de plus que le premier. Quelle sera la part du troisième ?

188. — J'échange une pièce de vin de 175 fr. contre une tonne de cidre de 48 fr. 75 et un baril de bière de 54 fr. 50. Combien doit-on me remettre d'argent ?

189. — Une personne dépense par an 789 fr. 25 de nourriture, 560 fr. de loyer, 257 fr. 80 de vêtements, 427 fr. 20 en frais divers et il lui reste 235 fr. 75 au bout de l'année. Quel est son revenu ?

190. — Exprimez en déca : 134 527 unités.
— 2 685 unités.
— 4 825 déci.

191. — Combien faut-il revendre un objet qui a coûté 259 fr. pour gagner 200 fr. de moins que le prix d'achat ?

192. — Un fermier achète 4 bœufs : le premier au prix de 427 fr. 50 et chacun des 3 autres successivement 15 fr. de plus que le précédent. Dites le prix total des 4 bœufs.

193. — Une famille dépense par jour 5 fr. 20 de nourriture, 1 fr. 15 de boisson, 2 fr. 75 de loyer, vêtements, etc. Le père gagne 5 fr. 75, la mère 2 fr. 50 et l'enfant 1 fr. 25. Combien cette famille peut-elle économiser par jour ?

194. — Un négociant a besoin de 490 fr. 10 par mois pour payer ses trois commis : le plus jeune reçoit 126 fr. 65, le deuxième 32 fr. 50 de plus. Que gagne le premier ?

195. — Exprimez en kilo : 134 527 unités.
— 2 685 unités.
429 unités.

196. — La somme des trois côtés d'un triangle est 428m,50. Le 1er a 135m,63 et le 2e 147m,34. Quelle est la longueur du 3e?

197. — Une personne s'est mise dans les affaires avec 53 920 fr. 45; la 1re année, elle a gagné 17 825 fr. 75, mais la 2e année elle a perdu 8 749 fr. 25. Que possède-t-elle au bout de la 2e année?

198. — Deux champs voisins ont : le 1er 4 073 mètres carrés et le 2e 4 927 mètres carrés. Si le propriétaire du 2e vend à son voisin 427 mètres de son terrain, quelle sera ensuite l'étendue de chacun des deux champs?

199. — Trois ouvriers ont gagné : le 1er 160 fr., le 2e 20 fr. de plus que le 1er, et le 3e 50 fr. de moins que les deux premiers ensemble. Dites la part de chacun et le total.

200. — Additionnez 4 myria 8 hecto, et 6 kilo 9 hecto 3 déca, et retranchez de la somme 15 849 unités.

201. — 728 × 10. 95 × 100.
202. — 650 × 10. 7 650 × 100.
203. — 8020 × 1 000. 475 × 100.
204. — 57,04 × 10. 8,69 × 100.
205. — 24,529 × 10. 86,365 × 100.
206. — 714,08 × 100. 0,468 × 100.
207. — 0,58 × 1 000. 3,7 × 10.
208. — 0,457 × 10 000. 3,5706 × 100.
209. — 0,03 × 100. 0,004 × 10.
210. — 0,0405 × 10 000. 0,0004 × 100 000.

211. — 529,45 × 8.
212. — 465,09 × 17.
213. — 735,08 × 34.
214. — 856,75 × 48.
215. — 49,05 × 300.
216. — 738,9 × 500.
217. — 0,495 × 7 000.
218. — 0,0507 × 800.
219. — 729,63 × 56.
220. — 298,07 × 450.
221. — 732 × 5,71.
222. — 906 × 8,05.
223. — 735 × 9,001.
224 — 830 × 5,30.
225. — 74,5 × 6,7.
226. — 48,04 × 5,03.
227. — 56,34 × 6,07.
228. — 49,005 × 32,01.
229. — 13,075 × 4,03.
230. — 29,008 × 6,02.
231. — 460,75 × 3,075.
232. — 79,086 × 4,35.
233. — 325,04 × 3,14.
234. — 728,56 × 7,08.
235. — 98,347 × 17,04.
236. — 256,5 × 29,05.
237. — 714,008 × 47,003.
238. — 825,07 × 35,07.
239. — 729,005 × 3,540.
240. — 86,035 × 7,008.
241. — 7 543,8 × 35,01.
242. — 4 925,7 × 385,2.
243. — 8 632,5 × 630,4.
244. — 7 629,03 × 74,05.

245. — 5347,06 × 39,2.
246. — 8629,05 × 74,5.
247. — 7428,04 × 56,3.
248. — 2350,25 × 73,2.
249. — 3970,4 × 47,6.
250. — 7642,06 × 38,009.
251. — 3925,04 × 73,05.
252. — 6729,004 × 57,004.
253. — 368,056 × 7,003.
254. — 5729,65 × 6,204.
255. — 8925,03 × 7,305.
256. — 12756,4 × 15,08.
257. — 28357,05 × 37,02.
258. — 34528,004 × 35,06.
259. — 9856,47 × 48,356.
260. — 3927,56 × 730,5.
261. — 7658,45 × 862,7.
262. — 9657,365 × 74,35.
263. — 9807,045 × 29,57.
264. — 12359,47 × 304,09.
265. — 25730,68 × 705,08.
266. — 73429,0004 × 6,003.
267. — 38518,056 × 32,064.
268. — 57386,125 × 73,055.
269. — 19357,08 × 45,008.
270. — 28457,004 × 37.005.
271. — 57928,4 × 730,56.
272. — 29735,8 × 850,04.
273. — 36827,01 × 73,004.
274. — 71485,004 × 3,08.
275. — 23,587 × 4,5.
276. — 86439,4 × 7,05.
277. — 74521,9 × 8,30.
278. — 56928,4 × 7,400.
279. — 19386,03 × 3,005.
280. — 37450,001 × 7,301.
281. — 67423,75 × 17,04.
282. — 19357,18 × 3900,4.
283. — 25384,27 × 4700,3.
284. — 45672,003 × 3,005.
285. — 38529,04 × 26,47.
286. — 39250,48 × 3607,1.
287. — 28957,12 × 490,003.
288. — 53487,45 × 730,05.
289. — 86347,380 × 650,04.
290. — 32568,25 × 71,05.
291. — 429634,7 × 543,8.
292. — 375284,8 × 735,40.
293. — 328964,5 × 834,5.
294. — 748356,08 × 739,06.
295. — 328469,003 × 56,003.
296. — 715268,07 × 24,035.
297. — 29456,0037 × 37,025.
298. — 529817,045 × 79,865.
299. — 708453,029 × 36,733.
300. — 637409,057 × 139,04.

301. — Un papetier achète 38 rames de papier de 500 feuilles chacune. Combien a-t-il de feuilles?

302. — Combien y a-t-il d'heures dans un mois de 30 jours?

303. — Une maison a 35 croisées de chacune 18 carreaux. Combien y a-t-il de carreaux en tout?

304. — Un commis gagne 75 fr. par mois. Quel est son traitement annuel?

305. — Écrivez les noms des multiples et des sous-multiples du mètre, en indiquant leur valeur.

306. — Combien y a-t-il d'œufs dans un panier qui en contient 25 douzaines?

307. — Combien y a-t-il de minutes dans un jour?

308. — Il y a dans une école 3 classes qui contiennent cha-

cune 9 bancs et 8 élèves par banc. Combien y a-t-il d'élèves dans l'école?

309. — Combien y a-t-il d'heures dans une année de 365 jours?

310. — Une pièce de ruban avait 17 mètres; on en a coupé 4 bouts de chacun 8 décimètres. Quelle longueur en reste-t-il?

311. — Un négociant achète 47 pièces de vin de chacune 235 litres, à 1 franc le litre. Que doit-il payer?

312. — Quelle somme y a-t-il dans un sac qui contient 238 pièces de 5 francs et 100 pièces de 1 fr.?

313. — Il y avait 400 noix dans un sac; deux enfants en ont pris chacun 64, combien en reste-t-il?

314. — Que coûteront 28 kilog. 7 de beurre à 3 fr. 25 le kilog.?

315. — La pièce de 1 fr. a 23 millim. de diamètre; quelle longueur obtiendrait-on en alignant 100 pièces de 1 fr.?

316. — Le kilog. de pain valant 0 fr. 45, que coûte un pain de 3 kilog. 5?

317. — Un marchand vend 368 mètres de drap à 6 fr. 75 le mètre. Combien recevra-t-il?

318. — La flèche de la cathédrale de Strasbourg a 142 mètres de haut; les tours Notre-Dame de Paris n'ont que 66 mètres. En supposant que les deux tours fussent superposées, de combien de mètres s'en faudrait-il qu'elles atteignissent la hauteur de la flèche de Strasbourg?

319. — Calculez la charge d'une voiture qui porte 3 sacs de blé de chacun 152 kilog. et 7 pièces de vin pesant chacune 245 kilog.?

320. — Un voyageur parcourt en une heure 5 kilom. 3 hect. Quel chemin fera-t-il en 8 heures?

321. — La pièce de 10 fr. pèse 3 gr. 2258. Combien pèse une somme en or de 4 750 fr.?

322. — Une personne achète un jardin 2 510 fr.; elle y plante 35 pieds d'arbres qui lui reviennent à 2 fr. 75 chacun, puis elle revend le jardin 2 900 fr. Quel est son bénéfice?

323. — Que doit-on payer pour 10 douzaines de mouchoirs à 1 fr. 05 pièce?

324. — Une ménagère achète 2 kilog. de sucre à 1 fr. 65 le kilog. et 3 kilog. 5 de beurre à 3 fr. 10 le kilog. Qu'a-t-elle dépensé?

325. — Exprimez en myriamètres la longueur d'un méridien terrestre.

326. — A combien revient une tonne qui contient 348 litres 25 d'eau-de-vie à 2 fr. 80 le litre?

327. — Le kilog. de pain valant 0 fr. 48, combien coûteront 54 pains de 2 kilog. 5?

328. — Dites le prix d'un terrain de 34 728 mètres carrés à raison de 1 fr. 35 le mètre carré.

329. — Trouvez le prix de 14 douzaines d'œufs à 7 fr. le cent.

330. — Pour établir une conduite d'eau, il a fallu 582 tuyaux en terre de 9 décimètres. Dites la longueur de cette conduite.

331. — J'achète 4 365 pommes à 3 fr. le cent. Que dois-je payer?

332. — Un ouvrier qui gagne 125 fr. par mois ne dépense que 116 fr. 50. Combien aura-t-il économisé au bout de l'année?

333. — Il y a dans une salle à manger 12 chaises qui ont coûté 9 fr. 25 l'une, un buffet qui a coûté 145 fr. et une table 85 fr. A combien revient ce mobilier?

334. — Un marchand achète 540 douzaines d'assiettes à 45 fr. le mille. Que doit-il payer?

335. — Un escalier a 165 marches qui ont chacune 17 centimètres de haut. Dites la hauteur de l'escalier.

336. — Une marchande avait un millier d'œufs, elle en vend 34 douzaines. Combien lui reste-t-il d'œufs?

337. — Je paie comptant un achat de 4 500 fr. et l'on me fait une remise de 2 fr. par 100 fr. (2 pour $^0/_0$). Combien ai-je à payer?

338. — J'achète 5 700 fagots, et le marchand m'en donne 5 par cent en plus. Combien en aurai-je en tout?

339. — Un ouvrier gagne 4 fr. 75 par jour. Combien gagne-t-il par an, sachant qu'il y a 56 jours pendant lesquels il ne travaille pas?

340. — Un voyageur parcourt 100 mètres par minute. Dites en myriam. et kilom. le chemin qu'il aura parcouru en 10 jours, s'il marche 7 heures par jour?

341. — Quand le mètre de drap coûte 7 fr. 40, combien valent 9 pièces de chacune 100 mètres?

342. — Un lot de 10 000 pommes a été payé 148 fr. A combien revient le cent?

343. — Un ouvrier a gagné 48 fr., un 2e ouvrier a gagné 15 fr. de plus que le 1er et un 3e 13 fr. de moins que les deux premiers ensemble. Quelle somme a-t-il fallu pour les payer?

344. — Il y a 8 fagots rangés en ligne droite à 20 mètres de distance les uns des autres. Un homme doit les réunir tous au premier; il ne peut en porter qu'un à la fois. Quel chemin total aura-t-il fait quand il aura fini?

345. — Un train est parti à 7 heures du matin et parcourt 28 kilom. à l'heure. A quelle distance sera-t-il de son point de départ à 3 heures du soir?

346. — Pour faire de la poudre de guerre, on mélange 75 kilog. d'azotate de potasse (salpêtre) avec 12 kilog. 5 de charbon et 12 kilog. 5 de soufre. Si l'on prend 3 fois plus de chacune de ces substances, quelle quantité de poudre obtiendra-t-on?

347. — On a 250 pommes : on en donne 35 à un enfant, à un

2e 12 de plus qu'au 1er, à un 3e autant qu'aux deux premiers et à un 4e le reste. Quelle est la part de ce dernier?

348. — Trois ouvriers se sont partagé une certaine somme : le 1er a eu 75 fr., le 2e 8 fr. de moins que le 1er et le 3e 32 fr. de plus que le 2e. Quelle est la somme partagée?

349. — Une caisse vide pèse 24 kilog. 075, et pleine de marchandises elle pese 136 kilog. 5. Quel est le poids du contenu?

350. — La lieue métrique est de 4 kilom. De Paris à Vienne, il y a 364 lieues, et de Vienne à Constantinople 326 lieues. Dites en kilom. la distance de Paris à Constantinople en passant par Vienne.

351. — Un marchand avait 356 kilog. 4 de marchandise, il en vend 75 kilog. 82, puis 123 kilog. 35, puis 58 kilog. 5. Combien lui en reste-t-il?

352. — Un père avait 34 ans à la naissance de son fils. Quel sera l'âge du fils quand le père aura 65 ans?

353. — Que coûteront $63^{m},75$ de drap à 8 fr. 30 le mètre?

354. — Un commerçant fait une recette moyenne de 254 fr. 80 par jour. Quel est son chiffre annuel d'affaires, sachant qu'il y a dans l'année 63 jours où son magasin est fermé?

355. — Calculez la circonférence d'un cercle de 20 mètres de diamètre (Voir *Notions*, nº 154.)

356. — On vend $368^{m},25$ de toile à 2 fr. 05 le mètre et l'on fait un rabais de 6 fr. 75 sur le tout. Combien a-t-on à recevoir?

357. — Une personne achète un meuble de 87 fr. 50. Elle remet au marchand un billet de 50 fr. et 2 pièces de 20 fr. Combien doit-on lui rendre?

358. — Un cordonnier achète 10 fr. 75 de cuir et de fournitures pour faire deux paires de souliers qu'il termine en 3 jours; s'il veut gagner 6 fr. 50 par jour, combien doit-il vendre ses deux paires de souliers?

359. — Quel bénéfice fait-on en vendant, 5 fr. 40 l'hectolitre, 48 hectolitres de pommes de terre qui ont coûté ensemble 213 fr. 50?

360. — Calculez la circonférence d'un cercle de 20 mètres de rayon. (Le rayon est la moitié du diamètre. Voir *Notions*, nº 154.)

361. — Un commis reçoit 145 fr. par mois. Que gagne-t-il par an, sachant que chaque année il obtient de plus une gratification de 150 fr.?

362. — Combien y a-t-il de minutes dans un an de 365 jours?

363. — Combien y a-t-il de secondes dans 90 degrés? (Voir *Notions*, nº 139.)

364. — Un voyageur dépense par jour 3 fr. pour son hôtel, 7 fr. 75 pour sa nourriture et 2 fr. 75 de menus frais; à combien lui reviendra son voyage qui doit durer 10 jours?

365. — La lieue marine est de 25 au degré. D'après cela, dites en lieues marines la longueur d'un méridien.

366. — Il faut 5 voitures de fumier pesant chacune 385 kilog. pour fumer un champ. Quelle quantité faudra-t-il pour fumer une propriété 8 fois plus grande?

367. — Un carré a $36^{m},47$ de côté; on veut l'entourer de planches à raison de 6 par mètre. Combien en faudra-t-il?

368. — J'achète 85 kilog. de thé à 18 fr. 75 le kilog. et je paie avec deux billets de 1 000 francs. Combien doit-on me rendre?

369. — Une main de papier a 25 feuilles, et 20 mains font une rame. A 4 fr. les 100 feuilles, que coûteront 2 rames?

370. — Quelle est la circonférence dont le rayon a $3^{m}75$? (Voir *Notions*, n° 154.)

371. — Une personne achète 680 bouteilles à 18 fr. 50 le cent. Que doit-elle payer?

372. — On veut entourer d'un mur un jardin rectangulaire de $45^{m},60$ de long sur $32^{m},80$ de large. Quelle sera la longueur totale du mur?

373. — Combien 12 heures 35 minutes font-elles de minutes?

374. — A 45 fr. les 100 litres de vin, que coûtent 8 litres 50?

375. — Un degré du méridien vaut 111 kilom. 111. Combien 45 degrés du méridien valent-ils de kilom.?

376. — Combien dois-je payer pour 3 kilog. 5 de pain à 0 fr. 49 le kilog., 2 fromages à 0 fr. 35 l'un et 0 kilog. 250 de beurre à 3 fr. 90 le kilog.?

377. — Une personne achète 3 kilog. de chocolat à 3 fr. 60 le kilog., 0 kilog. 075 de poivre à 8 fr. le kilog. et 2 kilog. 750 de café à 2 fr. 75 le demi-kilog. Combien doit-on lui rendre sur 30 fr.?

378. — Une gerbe de blé donne environ 2 kilog. 5 de grain et 7 kilog. de paille. Combien 560 gerbes donneront-elles de grain et de paille, et quel est le poids total de ces 560 gerbes?

379. — Un mouton donne 2 kilog. 75 de laine par an et cette laine se vend 2 fr. 80 le kilog. Quelle somme produira la vente de la laine d'un troupeau qui compte 128 moutons?

380. — Le diamètre d'un cercle est de 53 mètres. Quelle est la longueur de sa circonférence?

381. — Un tonneau contenait 235 litres de vin à 0 fr. 75 le litre; on en tire 187 litres. Dites la valeur de ce qui reste dan le tonneau.

382. — Combien coûtera le foin nécessaire pour la nourriture de trois chevaux pendant un an, si chaque cheval en consomme par jour une botte de 9 kilog.? Les 100 kilog. valent 70 fr.

383. — A 1 fr. 25 la serviette, combien doit-on payer pour un paquet qui en contient 7 douzaines moins 5 serviettes?

384. — Un maçon achète 34 000 briques à 15 fr. le mille et il

paie 1 fr. par mille pour le transport. Combien doit-il payer en tout?

385. — Deux villes situées sur le même méridien ont entre elles une distance de 4 degrés. Calculez cette distance en Km. (Voir au n° 375.)

386. — Faites la note suivante :

0m,75 de ruban à 0 fr. 25 le mètre.
12m,65 de cotonnade à 0 fr. 75 le mètre.
3m,25 de soie à 10 fr. 90 le mètre.

387. — Un ouvrier a placé 300 fr. à la caisse d'épargne, puis chaque mois il ajoute 15 fr. à son petit capital. Combien aura-t-il placé au bout de trois ans?

388. — Un cultivateur qui doit 12 000 fr. donne en paiement 358 Hl de colza à 31 fr. 75 l'Hl. Combien doit-il encore donner d'argent pour solder son compte?

389. — A raison de 4 fr. 25 par jour, que gagne par an un ouvrier qui travaille 26 jours par mois?

390. — Un courrier parcourt 1 Hm par minute. Il part à 6 heures du matin. A quelle heure aura-t-il fait les 3 courses suivantes : 4 Km 8 Hm; 51 Hm; 8 Km?

391. — Quelle quantité de pain faudra-t-il pour nourrir pendant un an 500 soldats, si chaque soldat en consomme 0 kilog. 730 par jour?

392. — Si j'ai payé 0 fr. 35 pour un demi-litre de vin, combien paierai-je pour 17 litres?

393. — Un jardinier a récolté 125 kilog. de poires qu'il a vendues 0 fr. 25 le kilog.; 35 kilog. de prunes qu'il a vendues 0 fr. 30 le kilog., et 275 abricots qu'il a vendus 0 fr. 15 pièce. Combien a-t-il tiré de la vente de ses fruits?

394. — J'ai acheté 15 douzaines de serviettes que j'ai payées 368 fr.; je les ai revendues à raison de 27 fr. la douzaine. Combien ai-je gagné?

395. — Pour faire un gilet, il faut 65 cm de drap à 10 fr. 50 le mètre et 9 dm de doublure à 0 fr. 85 le mètre. Si la façon est de 2 fr., à combien revient le gilet?

396. — Le son parcourt 337 mètres par seconde. A quelle distance se trouvent des canons dont on entend la détonation 18 secondes après avoir vu la lumière?

397. — Quelle longueur de bancs peut-on mettre autour d'une salle rectangulaire de 25 mètres de long sur 18 de large?

398. — Un marchand achète 18 poulets à 1 fr. 85 l'un; il en revend la moitié à 2 fr. 50 l'un, et l'autre moitié à raison de 2 fr. 75 l'un. Quel est son bénéfice?

399. — Si je gagnais 281 fr. 25 de plus par an, je pourrais dépenser 6 fr. 25 par jour. Quel est mon traitement annuel?

400. — Un piéton mesure sa route en comptant des tas de pierres espacés de 15 mètres. Dites en kilomètres quelle distance il aura parcourue lorsqu'il sera parvenu au 150e tas?

401. — 780 : 10. 3900 : 10.
402. — 7800 : 100. 6400 : 1000.
403. — 3620 : 10. 5948 : 10.
404. — 763 : 100. 15520 : 1000.
405. — 24260 : 1000. 750 : 1000.
406. — 867 : 1000. 4259 : 1000.
407. — 3528,4 : 10. 423,75 : 10.
408. — 7,4825 : 10. 2958,4 : 1000.
409. — 7385,2 : 100. 5408,3 : 100.
410. — 639,08 : 10. 85618,4 : 10000.

A — 0,1.

411. — 865 : 24.
412. — 738 : 36.
413. — 9857 : 47.
414. — 6928 : 53.
415. — 7905 : 325.
416. — 4923 : 417.
417. — 12356 : 732.
418. — 15938 : 726.
419. — 18532 : 617.
420. — 25498 : 532.
421. — 63257 : 456.
422. — 54248 : 715.
423. — 68912 : 356.
424. — 32647 : 287.
425. — 59428 : 563.
426. — 75420 : 917.
427. — 39615 : 428.
428. — 54263 : 613.
429. — 73298 : 738.
430. — 16240 : 109.

A — 0,01.

431. — 1 : 48. 2 : 25.
432. — 3 : 12. 4 : 19.
433. — 5 : 37. 100 : 125.
434. — 53 : 86. 64 : 529.
435. — 80 : 64. 752 : 3925.

436. — 83,5 : 24.
437. — 73,8 : 56.
438. — 364,5 : 48.
439. — 756,42 : 56.
440. — 829,17 : 47.
441. — 1824,06 : 124.
442. — 3735,45 : 365.
443. — 2617,68 : 456.
444. — 7632,85 : 534.
445. — 4905,04 : 627.
446. — 4,5 : 69.
447. — 23,7 : 75.
448. — 47105 : 84.
449. — 36,37 : 57.
450. — 123,56 : 469.
451. — 840 : 5,4.
452. — 73 : 6,3.
453. — 285 : 73,5.
454. — 4920 : 56,8.
455. — 7639 : 2,05.
456. — 6928 : 7,48.
457. — 4625 : 3,25.
458. — 5928 : 42,06.
459. — 6345 : 72,004.
460. — 7529 : 4,350.
461. — 627,3 : 3,4.

462. — 869,14 : 3,38.
463. — 1735,8 : 6,04.
464. — 3918,5 : 7,35.
465. — 4620,04 : 8,25.
466. — 15735,28 : 9,45.
467. — 28356,7 : 3,68.
468. — 39615,405 : 4,195.
469. — 56843,45 : 2,53.
470. — 45530,850 : 3,619.
471. — 36268,62 : 7,505.
472. — 82475,43 : 26,67.
473. — 75364,57 : 37,056.
474. — 80609,06 : 49,135.
475. — 68520,048 : 38,45.
476. — 19643,575 : 29,268.
477. — 37546,25 : 365,7.
478. — 42806,7 : 428,3.
479. — 75368,2 : 78,5.
480. — 328639,4 : 673,9.
481. — 125864,35 : 4920,62.

A — 0,001.

482. — 425683,75 : 3674,07.
483. — 847915,003 : 7659,4.
484. — 78469,245 : 6735,3.
485. — 97508,507 : 928,05.
486. — 327534,65 : 738,04.
487. — 679425,3 : 672,708.
488. — 829247,5 : 34,57.
489. — 78456,19 : 74,005.
490. — 3528 : 135,78.
491. — 4256,3 : 5639,04.
492. — 7605,23 : 12,564.
493. — 4615,7 : 23709,2.
494. — 4925,6 : 34619,3.
495. — 785045 : 3629,5.
496. — 675,05 : 847,04.
497. — 925,3 : 2475,06.
498. — 734,56 : 4921,7.
499. — 675,55 : 2647,05.
500. — 843,55 : 1735,6.

501. — Partagez également 6849 fr. entre 3 personnes.

502. — On veut mettre 3100 pommes dans 17 paniers. Combien faut-il mettre de pommes dans chaque panier?

503. — 54 volumes ont coûté 162 fr. A combien le volume?

504. — On veut partager 1800 noix entre 36 enfants. Combien chacun en aura-t-il?

505. — Écrivez les multiples et les sous-multiples du mètre carré, avec leur valeur.

506. — On donne 32 fr. à un ouvrier pour avoir battu 480 gerbes de blé. Sachant qu'il en battait 60 par jour, on demande quel est le salaire journalier de cet homme.

507. — Un marchand de chaussures achète 208 paires de souliers pour 1456 fr. A combien la paire?

508. — Combien faut-il de pièces de 2 fr. pour payer 528 fr.?

509. — Un homme partage une somme de 13452 fr. entre ses 3 enfants. Quelle est la part de chacun?

510. — Combien le dixième du mq vaut-il de dmq?
— — — — cmq?

511. — Une personne doit à son boulanger 56 pains de 2 kilog. à 0 fr. 45 le kilog. Quelle somme lui doit-elle?

512. — Dites la superficie d'un terrain carré de 100 mètres de côté. — de 1000 mètres de côté? (Voir *Notions*, nº 155.)

513. — Pour faire une robe, une couturière achète 15 mètres de soie à 8 fr. 75 le mètre et diverses fournitures pour 45 fr. 25. Elle veut gagner 50 fr. Combien fera-t-elle payer la robe?

514. — Un robinet donne 3672 litres d'eau en 17 heures. Combien donne-t-il de litres à l'heure?

515. — Combien le Dmq vaut-il de mq?
— l'Hmq — ?
— le Kmq — ?

516. — Quelle est la superficie d'un terrain carré de 38m,6 de côté?

517. — Une famille dépense 2555 fr. par an. Combien dépense-t-elle par jour?

518. — Le pavage d'une cour se compose de 147 rangées de chacune 153 pavés. Chaque pavé revient à 0 fr. 50. Combien coûte le pavage de la cour?

519. — Une locomotive parcourt 28 Mm en 8 heures. Combien fait-elle de Km à l'heure?

520. — Combien 13450 mq font-ils de Hmq?
— 24860 mq — Dmq?
— 138950 mq — Kmq?

521. — Dites la superficie d'une salle rectangulaire de 17m,50 de long sur 15m,60 de large.

522. — Il faut 35920 fr. pour payer 135 ouvriers. Combien revient-il à chacun?

523. — Je vends 35 mètres de drap à 12 fr. 50 le mètre. Combien faut-il ajouter à ma recette pour faire 500 fr.?

524. — Une pièce de drap de 63 mètres a coûté 393 fr. 75. A combien le mètre (en francs et centimes)?

525. — A raison de 0 fr. 02 le dmq, que vaut le mq?
— 1 fr. le mq, que vaut le Dmq? — l'Hmq?

526. — Dites en Hmq la superficie d'une propriété rectangulaire de 1760 mètres de long sur 850 de large.

527. — Quel est le nombre qui multiplié par 347 égale 197096?

528. — Dans un verger, il y a 11356 arbres disposés en 68 rangées. Combien par rangée?

529. — 3 douzaines d'œufs coûtent 3 fr. 24. A combien l'œuf?

530. — Une glace de 1 mètre de haut sur 0m,75 de large est vendue à raison de 1 fr. le dmq. Que vaut-elle?

531. — Que coûtera la peinture d'un mur de 10 mètres de long sur 4 mètres de haut à raison de 2 fr. 50 le mq?

532. — On a 25 bouteilles de vin pour 20 fr. A combien la bouteille?

533. — Un panier contenait 5 grosses d'œufs (la grosse vaut 12 douzaines ou 144); on en a retiré 9 douzaines. Combien reste-t-il d'œufs dans le panier?

534. — 2 mètres d'étoffe ayant coûté 18 fr. 60, combien paiera-t-on pour un demi-mètre ?

535. — J'achète un terrain de $25^m,70$ de long sur $18^m,50$ de large, à raison de 10 fr. le mq. Que dois-je payer ?

536. — Cherchez la longueur d'un champ dont la superficie est de 1 800 mq, si la largeur est de 48 mètres.

537. — Un voyageur a dépensé 161 fr. 85 en 13 jours pour sa nourriture, etc., et 32 fr. 50 pour son logement ; quelle a été sa dépense par jour ?

538. — L'Amérique a été découverte en 1492. Combien s'est-il écoulé de siècles et d'années depuis sa découverte jusqu'en 1875 ?

539. — Un meunier doit moudre 35 sacs de blé de chacun 152 kilog. en 25 jours. Combien doit-il moudre de kilog. de blé par jour ?

540. — On a 27 planches qui ont une surface de 36 dmq 8 cmq chacune. Dites la surface totale de toutes ces planches.

541. — Calculez la surface d'un triangle dont la base a 250 mètres et la hauteur 120 mètres. (Surface $= \frac{B \times H)}{2}$.)

542. — 280 kilog. de café ont coûté 1 123 fr. 78. Dites le prix exact du kilog.

543. — On a payé 32970 fr. pour 875 mq de terrain. Que vaut le mq ?

544. — On a coupé dans une pièce de calicot 14 morceaux ayant chacun $4^m,07$ de long, et il reste encore $15^m,02$. Dites la longueur totale de la pièce.

545. — Combien faudrait-il de carreaux de 2 dmq 8 cmq pour carreler une pièce carrée de $5^m,20$ de côté ?

546. — Dites le prix d'un terrain ayant la forme d'un triangle dont la base a 425 mètres et la hauteur 340 mètres, vendu à raison de 1 fr. le mq.

547. — Un ouvrier gagne 6 fr. 75 dans une journée de travail de 9 heures. Que gagne-t-il par heure ?

548. — On a payé 22 fr. 75 pour le cartonnage de 65 volumes. Si le volume broché vaut 0 fr. 75, que vaudra-t-il cartonné ?

549. — Un cultivateur a 2 bœufs qui produisent chacun 8 500 kilog. de fumier par an et 4 vaches qui en fournissent chacune 8 000 kilog. Quelle quantité de fumier lui manquera-t-il s'il doit fumer 3 champs pour chacun desquels il lui faut 18 000 kilog. ?

550. — Trouver la surface d'un trapèze dont la grande base a 72 mètres, la petite 56 et la hauteur entre les deux bases 35 mètres. (Surface $= \frac{B + b}{2} \times H$.)

551. — Un ouvrier gagne 0 fr. 72 à l'heure. Combien gagne-t-il par semaine de 6 jours, s'il travaille 11 heures par jour ?

552. — Combien peut dépenser par jour un rentier qui jouit d'un revenu annuel de 5 872 fr.?

553. — Un marchand de bœufs en achète 28 pour 11 569 fr.; il revend chaque bœuf 430 fr. Quel est son bénéfice ?

554. — Le kilog. de sucre coûtant 1 fr. 35, combien faut-il revendre les 100 kilog. pour gagner 3 fr. par 25 kilog. ?

555. — Dites la surface d'un cercle de 2 mètres de rayon (πR^2). (Voir *Notions*, n° 159.)

556. — Dites la surface d'un cercle de 8 mètres de diamètre.

557. — On demande le poids d'une caisse qui contient 72 paquets de bougies pesant chacun 0 kilog. 485, sachant que vide elle pèse 12 kilog. 5.

558. — Une pièce de vin de 225 litres a coûté 120 fr. Dites le prix du litre.

559. — Combien 525 600 minutes font-elles de jours ?

560. — Écrire les noms des mesures agraires avec leur valeur en mq.

561. — Un marchand achète 2 pièces d'étoffe d'égale longueur pour 752 fr., à raison de 8 fr. le mètre. Dites la longueur de chaque pièce.

562. — Deux terrains ont coûté ensemble 700 fr. : le mq vaut 0 fr. 50. Dites la surface du 2e champ, sachant que le 1er a 560 mq.

563. — La base d'un rectangle est 75 mètres, sa surface est de 4 500 mq. Dites quelle est sa hauteur.

564. — Que coûteront 25 mètres de velours, si un demi-mètre a coûté 8 fr. 50 ?

565. — Quand l'are vaut 45 fr., que vaut l'Ha? — le mq ?

566. — Quand le mq vaut 1 fr., que vaut l'are ? — l'Ha ? — le ca ?

567. — Un patron a besoin de 1 110 fr. pour payer le travail de 6 jours à ses ouvriers, qui gagnent 5 fr. par jour. Combien a-t-il d'ouvriers ?

568. — Mon paletot coûte 2 fois plus que mon pantalon, qui coûte 3 fois plus que mon gilet, dont le prix est de 9 fr. 75. A combien me revient mon habillement ?

569. — Sept associés ont à se partager le bénéfice d'une affaire qui a duré 3 mois et qui a rapporté par mois 2 873 fr. 50. Combien revient-il à chacun ?

570. — Combien 17 800 mq font-ils d'ares ? — d'Ha ?

571. — Exprimez en ares la superficie d'un rectangle de 280 mètres de long sur 160 de large.

572. — A raison de 2 fr. le mq, que vaut un terrain carré de 60 mètres de côté?

573. — Le cent d'allumettes valant 0 fr. 10, combien en aura-t-on pour 10 fr. 50?

574. — 2m,50 de drap ont coûté 20 fr. Quel est le prix : 1° du mètre? — 2° de 6 mètres?

575. — A raison de 2 fr. le mq, que vaut un terrain de 5 Ha?

576. — Pour 19 fr. 95, j'ai acheté des volumes à 2 fr. 85 pièce. Combien?

577. — Si 7 kilog. 875 d'huile coûtent 17 fr. 90, que coûte le kilog.?

578. — Avec 1 800 kilog. de betteraves, on fabrique environ 105 kilog. de sucre. Dites combien un kilog. de betteraves peut fournir de sucre.

579. — J'achète une 1re fois pour 5 fr. 95 de ruban à 0 fr. 95 le mètre, et une 2e fois pour 2 fr. 29 de ce même ruban. Combien de mètres en tout?

580. — Si le centiare vaut 0 fr. 52, que vaut un terrain carré de 80 mètres de côté?

581. — Si l'are vaut 145 fr., que valent 12 mq?

582. — Un are cultivé en blé produit environ 18 litres de blé. D'après cela, dites en Ha, ares et ca l'étendue d'un champ qui produit 3 125 litres de blé.

583. — On a payé 0 fr. 75 pour 0m,25 de ruban. Que paiera-t-on pour 10 mètres de ce même ruban?

584. — On demande la surface d'un cercle de 3 mètres de rayon. (Surface $= \pi R^2$.)

585. — J'ai acheté successivement 2 Ha 8 ares 25 ca, puis 3 Ha 12 ares 7 ca, puis 1 Ha 9 ca de terrain. Dites l'étendue totale de ces trois acquisitions.

586. — Un terrain a été vendu 3 780 fr. à raison de 0 fr. 30 le mq. Dites en ares la surface de ce terrain.

587. — 3 Ha 7 ares 25 ca ont été payés 12 500 fr. A combien revient le mq?

588. — Un épicier veut acheter du sucre et du café en quantités égales pour 391 fr. Combien aura-t-il de kilog. de chaque marchandise si le sucre vaut 1 fr. 25 le kilog. et le café 4 fr. 50 le kilog.?

589. — J'avais acheté 25 poulets, j'en ai revendu 14 pour 45 fr. 80, et j'ai gagné 0 fr. 75 par poulet. Combien m'avaient coûté les 25?

590. — J'ai acheté 5 000 fr. un jardin de 84 ares que je revends à raison de 1 fr. le mq. Quel est mon bénéfice?

591. — Calculez la surface d'un cercle de 100 mètres de diamètre (πR^2).

592. — Un marchand a acheté 4 pièces de vin d'égale contenance pour 432 fr. On demande la capacité d'une pièce, sachant que le litre coûte 0 fr. 48.

593. — Combien fera-t-on de pointes de 23 mm. avec un fil de fer d'une longueur de 65 mètres?

594. — J'ai vendu 1 200 fagots pour 780 fr. et j'ai gagné ainsi 60 fr. Combien avais-je payé le cent?

595. — A 50 fr. l'are, quelle est la valeur d'un champ de 15 Ha 3 ares 12 ca ?

596. — Un courrier parcourt dans sa journée 28 Km 5 Hm. Dites en Mm, Km et Hm le chemin qu'il fait dans l'année.

597. — Un marchand achète des aiguilles à 5 fr. 20 le mille. Combien doit-il en donner pour 10 centimes, s'il veut les vendre le double de ce qu'elles lui ont coûté ?

598. — Un kilog. de clous vaut 1 fr. 60 et l'on compte 120 clous par hectog. A combien revient le cent?

599. — Un domestique gagne 500 fr. par an; il quitte son maître au bout de 8 mois et 12 jours. Que lui est-il dû ?

600. — Dites en ares la superficie d'un terrain triangulaire dont la base a 680 mètres et la hauteur 470.

601. — Un fabricant emploie 15 ouvriers à 4 fr. 50 par jour, 20 ouvriers à 3 fr. 25 et 30 ouvriers à 3 fr. Quelle somme lui faut-il chaque jour pour payer ses ouvriers ?

602. — Un ouvrier reçoit 750 fr. pour 150 jours de travail. Combien gagne-t-il en 2 jours ?

603. — Un employé qui gagne 2 600 fr. par an dépense 6 fr. 35 par jour. Combien économise-t-il par an ?

604. — Une bouteille pleine d'eau pèse 1 072 grammes ; vide, elle pèse 458 gr. Dites le poids de l'eau qu'elle contient.

605. — Écrire les multiples et sous-multiples du mètre cube et indiquer leur valeur.

606. — Un ouvrier reçoit 128 fr. 25 pour un certain nombre de journées à 4 fr. 75. Combien ?

607. — Si j'avais 125 fr. de plus, j'achèterais un piano qui vaut 850 fr. et il me resterait 10 fr. Combien ai-je ?

608. — Dans une salle de concert, il y a 250 places à 6 fr., 340 places à 4 fr. et 480 places à 3 fr. En supposant que la salle soit remplie, quelle sera la recette ?

609. — Douze paquets de bougies ont coûté 15 fr. 36 ; dans chaque paquet, il y en a 8. A combien revient une bougie ?

610. — Un mètre cube de sable a été partagé en 5 parties égales. Dites ce que chaque partie contient de dmc.

611. — Je dois 700 fr., mais je m'acquitte en payant 25 fr. par mois. Au bout de combien de temps ma dette sera-t-elle payée ?

612. — En revendant ma maison 25 460 fr., je perdrais le quart de cette somme. Combien l'ai-je achetée ?

613. — On demande en Ha la surface d'un terrain carré de 590 mètres de côté.

614. — Dites en ares la superficie d'un rectangle de 854 mètres sur 745.

615. — A raison de 28 fr. le mc de pierre, que paiera-t-on pour 62 500 dmc ?

616. — J'achète une pièce de vin de 228 litres au prix de 57 fr., je paie 12 fr. 75 de transport et 52 fr. d'entrée. A combien me revient le litre ?

617. — A 2 fr. 65 le litre de sirop, combien doit-on en avoir pour 0 fr. 50 ?

618. — Une famille consomme 3 pièces de vin de chacune 228 litres. Combien dépense-t-elle pour sa boisson si le litre revient à 0 fr. 57 ?

619. — Le dividende d'une division est 156 695, le diviseur est 407. Quel est le quotient ?

620. — Si le dmc de fer pèse 7 kilog. 5, que pèse le mc ?

621. — Dites en dmq la surface d'une table ronde de 1 mètre de diamètre (πR^2).

622. — En multipliant 827 par un certain nombre, on trouve au produit 289 450. Quel est ce nombre ?

623. — J'achète un meuble 180 fr. et je donne un premier à-compte du quart de cette somme. Que me reste-t-il à payer ?

624. — La roue d'une machine a 2 mètres de diamètre. Dites la longueur de sa circonférence ($2\pi R$).

625. — Le dmc d'or pèse 19 kilog. 5. Que pèse un lingot de 23 cmc ?

626. — En vendant 47 sacs de blé à 57 fr. 20 le sac, on gagne 141 fr. Combien avait-on payé chacun de ces sacs ?

627. — Calculez en Kmq, Hmq, etc., la superficie d'une forêt rectangulaire de 5 847 mètres sur 2 459.

628. — On vend, à raison de 50 fr. l'are, un champ ayant la forme d'un triangle de 520 mètres de base sur 230 mètres de hauteur. Dites le prix de vente. (Surface $= \frac{B \times H)}{2}$.)

629. — Un industriel achète pour 7 500 fr. de charbon de terre à raison de 37 fr. 50 les mille kilog. Combien en aura-t-il de kilog. ?

630. — Calculez la charge d'une voiture qui porte deux pierres, l'une de 750 dmc 75 cmc et l'autre de 1 mc 60 dmc 57 cmc, sachant que le mc de pierre pèse 2 300 kilog.

631. — Combien faut-il revendre une montre qui a coûté 126 fr. pour gagner le tiers du prix d'achat ?

632. — Combien 15 824 mq font-ils d'Ha, d'ares et de ca ?
— 7 256 mq — — — — ?

633. — Un rectangle a une superficie de 4 981 mq, l'un de ses côtés a 85 mètres. Quelle est la longueur de l'autre ?

634. — Un marchand qui devait 1500 fr. a donné en paiement 75 mètres de drap à 13 fr. 50 le mètre et le reste en argent. Combien en argent?

635. — On demande le volume d'une pierre ayant la forme d'un cube de 65 cm de côté.

636. — J'échange 32 mètres de drap à 8 fr. 25 contre 125 kilog. d'huile à 2 fr. 04 le kilog. Combien doit-on me remettre d'argent?

637. — Un épicier reçoit 6 caisses qui contiennent chacune 125 kilog. de fromage. Il paie le tout 1400 fr. Dites ce que lui coûte le kilog. de fromage.

638. — Quelle est en Ha la superficie d'un parc rectangulaire ayant 4860^{m},75 de long sur 3956^{m},40 de large?

639. — 35 centimètres d'étoffe ayant coûté 3 fr. 15, dites le prix du mètre.

640. — Dites en mc et dmc le volume de l'eau contenue dans un réservoir à base rectangulaire de 12 mètres de long, 8^{m},4 de large et 6^{m},30 de profondeur.

641. — Exprimez en mètres la valeur de 45 degrés du méridien (360° du méridien = 40000000 mètres).

642. — Si le mètre vaut 0 fr. 85, que coûteront 85 centimètres?

643. — Il faut 325 litres de semence pour un Ha de terrain. Combien en faudra-t-il pour ensemencer 48 ares?

644. — Dans une classe de 7^{m},20 sur 5^{m},82, on peut recevoir 43 élèves. Calculez la surface moyenne par élève.

645. — Calculez le volume d'un prisme rectangulaire dont la base a 0^{m},50 sur 0^{m},38 et la hauteur 0^{m},75.

646. — Un cheval fait au trot 11 Km à l'heure. Combien fait-il de mètres par minute?

647. — La lumière, qui parcourt 75000 lieues par seconde, nous arrive du soleil en 8 minutes 13 secondes. Dites la distance de la terre au soleil.

648. — J'achète 3800 fagots et l'on m'en donne 5 par 100 en plus. Combien en recevrai-je en tout?

649. — J'ai à payer 2400 fr., mais on me fait une remise de 2 fr. par 100 fr. Combien ai-je à débourser?

650. — Un ouvrier doit creuser un fossé de 48 mètres de long sur 1^{m},75 de large et 1^{m},75 de profondeur. S'il déblaie chaque jour 2 mc 5, au bout de combien de temps son travail sera-t-il achevé?

651. — Combien coûtera le parquet d'une chambre de 4^{m},5 de long sur 3^{m},84 de large, à raison de 12 fr. 60 le mq?

652. — Une fermière a vendu 348 fromages à 5 fr. la douzaine. Combien a-t-elle reçu?

653. — Un ouvrier gagne 6 fr. 30 dans une journée de 9 heures de travail. Combien doit-il recevoir pour 2 heures de travail supplémentaire?

654. — Dites le diamètre d'une circonférence de $2^m,53$.

655. — Calculez le volume d'un parallélipipède dont la base est un carré de $0^m,75$ de côté et dont la hauteur est de $1^m,25$. (Voir *Notions*, nº 168.)

656. — Trois personnes se partagent une somme de 10 000 fr. : la 1re a eu 4 000 fr., la 2e 500 fr. de moins que la 1re. Quelle a été la part de la 3e ?

657. — La superficie du département de la Seine est de 475 Kmq. Exprimez-la en Ha.

658. — On a partagé un champ de 4 Ha, d'abord en 5 parties égales, puis chaque partie en 4 autres. Dites la superficie de chacun des derniers lots.

659. — 17 douzaines d'œufs ont coûté 18 fr. 36. Que gagne-t-on en les revendant 0 fr. 12 pièce ?

660. — Une cuve rectangulaire renferme 450 litres d'eau, sa longueur est de 1 mètre, sa largeur de $0^m,75$. Quelle est sa hauteur ?

661. — Si la douzaine de crayons coûte 0 fr. 50, quel bénéfice fait-on sur 9 douzaines qu'on vend à raison de 0 fr. 05 le crayon ?

662. — Dites en ares la superficie d'un champ triangulaire dont la base a $48^m,50$ et la hauteur 25 mètres.

663. — Cent volumes ont coûté 75 fr. Combien faut-il vendre le volume pour gagner 15 fr. sur le tout ?

664. — Un terrassier doit creuser un fossé de $38^m,50$ de long ; pour ce travail, il en fait chaque jour $2^m,75$. Combien touchera-t-il s'il doit recevoir 4 fr. 25 par jour?

665. — Calculez le volume d'un cylindre qui a 20 centimètres de diamètre et 2 mètres de long ($\pi R^2 H$). (Voir *Notions*, nº 169.)

666. — A 148 fr. 50 l'are, que valent 3 420 mq ?

667. — Ma montre a coûté deux fois le prix de ma chaîne, que j'ai payée 57 fr. Dites combien m'ont coûté les deux objets ensemble.

668. — Si j'épargne 0 fr. 20 par jour, combien aurai-je économisé au bout de 5 ans ?

669. — J'ai reçu 560 fr., mais j'ai dépensé la moitié de cette somme et le quart de ce qui me restait. Combien ai-je encore ?

670. — Trouvez la contenance d'un cuve cylindrique de 2 mètres de diamètre sur $1^m,50$ de hauteur ($\pi R^2 H$).

671. — 4 Ha 5 a 25 ca ont été vendus 75 316 fr. Combien vaut le mq ?

672. — Dites le prix d'un terrain carré de $729^m,25$ de côté à raison de 2 fr. le mq.

673. — Si le mq se paie 2 fr. 50, que paiera-t-on pour 1 Ha 5 ares 10 ca ?

674. — Un prodigue hérite de 19 680 fr., mais, dès la première

année, il dépense la moitié de cette somme, et l'année suivante il dépense le tiers de ce qui lui restait. Combien possède-t-il encore au bout de la deuxième année?

675. — On a payé 3500 fr. pour 38 décastères de bois. A combien revient le stère?

676. — A 0 fr. 25 le kilog. de sel, que coûtera la charge d'un bateau qui en contient 275 mc, sachant que le mc de sel pèse 2125 kilog.?

677. — Quel sera le prix de 16 douzaines d'assiettes à 21 fr. 75 le cent?

678. — Le tabac coûtant 6 fr. 25 le demi-kilog., quelle est la dépense mensuelle d'une personne qui en consomme 0 kilog. 020 par jour?

679. — Calculez en mètres la longueur de la lieue marine (25 au degré).

680. — Si le double stère vaut 25 fr., que vaut le décastère?

681. — Un maquignon achète des chevaux pour 4200 fr.; en les revendant ensemble 4900 fr., il gagne 100 fr. par cheval. Combien a-t-il acheté de chevaux?

682. — Que coûtera une propriété de 8 Ha 6 ares 5 ca à raison de 0 fr. 35 le mq?

683. — Un marchand achète un millier d'oranges pour 70 fr.; il veut gagner 3 centimes par orange. Combien doit-il revendre le tout?

684. — A 80 fr. l'are, combien coûterait un jardin carré de $15^{m},60$ de côté?

685. — Une pile de bois a 15 mètres de long sur 3 mètres de hauteur et les bûches ont $1^{m},20$ de long. Dites en stères le volume de cette pile.

686. — Dans une famille, le père gagne par jour 6 fr. 50, la mère 2 fr. 75 et l'enfant 1 fr. Dites ce que gagne par an cette famille, en admetttant qu'il y ait 60 jours de fête ou de chômage.

687. — Dites la surface d'un rectangle dont la hauteur est moitié de la base, celle-ci étant de 853 mètres.

688. — Un fermier achète des moutons pour 1665 fr., il les revend ensemble 1850 fr., en gagnant 5 fr. sur chaque bête. Combien en avait-il?

689. — Combien coûtera la peinture à l'huile d'un mur de $8^{m},70$ de long sur $3^{m},80$ de haut, à raison de 1 fr. 50 le mètre carré?

690. — Une voiture porte 3 stères 5 décistères de bois. Dites le poids de ce bois, sachant que le mc pèse 480 kilog.

691. — Exprimez en Ha, ares et ca la superficie d'un rectangle dont la base a $300^{m},5$ et la hauteur 250 mètres?

692. — Un père a 5 fois l'âge de son fils et les deux âges réunis font 42 ans. Dites l'âge de chacun.

693. — J'achète du drap à raison de 3 mètres pour 27 fr. et

je le revends à raison de 4 mètres pour 42 fr. Quel est mon bénéfice sur la vente de 15 mètres?

694. — Je veux échanger 86 mètres de toile contre du drap. Si l'on me donne 3 mètres de drap pour 8 mètres de toile, combien aurai-je de drap?

695. — Calculez la contenance d'un seau cylindrique dont la hauteur est égale au diamètre de la base, celle-ci étant de 28 centimètres. (Voir *Notions*, nº 169.)

696. — J'ai acheté pour 27 fr. de papier à 4 et 5 fr. la rame, autant de l'un que de l'autre. Combien de chaque sorte?

697. — Quand le foin vaut 14 fr. les 100 kilog., combien doit-on payer pour 2800 bottes pesant chacune 5 kilog.?

698. — On fait marner un champ de 250 ares à raison de 25 mc par Ha : quelle sera la dépense si la marne coûte 32 fr. 50 le mc?

699. — Une femme va vendre 20 douzaines d'œufs qui lui ont coûté 18 fr.; en chemin, elle casse 40 œufs. Combien doit-elle revendre chaque œuf pour ne rien perdre?

700. — Combien pèse une colonne cylindrique en fer dont le diamètre est de 20 cm et la hauteur 4m,50 (le dmc de fer pèse 7 kilog. 30)?

701. — Un propriétaire a dans sa maison 5 locataires qui lui paient chacun par trimestre 105 fr. de loyer, 5 autres qui lui paient chacun 75 fr. et 3 autres chacun 36 fr. 50. Combien sa maison lui rapporte-t-elle par an?

702. — Un coupon de ruban de 3m,75 a coûté 2 fr. 25. Dites le prix du mètre.

703. — Combien recevra-t-on pour 13 sacs de haricots contenant chacun 175 litres à 0 fr. 17 le litre?

704. — Pour clore un terrain, on a acheté 875 planches de chacune 1m,60 à 0 fr. 35 le mètre courant. A combien revient la clôture?

705. — Écrire les noms des multiples et sous-multiples du litre avec leur valeur en litres.

706. — Une personne paie 3 fr. 75 pour une volaille pesant 2 kilog. 5. A combien revient le kilog. de cette viande?

707. — Que doit-on payer pour 12 sacs de farine pesant ensemble 863 kilog. 25 à 0 fr. 51 le kilog.?

708. — On a 75 centimètres de calicot pour 0 fr. 60. A combien le mètre?

709. — Un marchand achète 3 douzaines de chapeaux pour 340 fr.; il fait un bénéfice de 108 fr. sur le tout. Combien a-t-il revendu chaque chapeau?

710. — Écrire les noms des multiples et sous-multiples du litre avec leur valeur en dmc.

711. — A 3 pour 5 centimes, combien le cent de pommes?

712. — Dites en ares et centiares la superficie d'un terrain rectangulaire de 23m,50 sur 18m,25.

713. — On achète une douzaine d'œufs 95 centimes et l'on a le treizième en plus. En les achetant par unités, on les paie 10 centimes pièce. Quel avantage a-t-on à en acheter une douzaine ?

714. — Un ouvrier devait recevoir 324 fr. pour 48 jours de travail, mais il a travaillé 10 jours de moins. Combien recevra-t-il ?

715. — Combien 53 Hl font-ils de litres ?
— 475 Dl — ?
— 7 Hl 8 l. — ?

716. — On a 8 aiguilles pour 0 fr. 05. Combien en aura-t-on pour 1 fr. ?

717. — Combien faut-il revendre l'are d'un terrain de 1 Ha 3 ça acheté 215 fr. l'are pour gagner 500 fr. sur le tout ?

718. — J'ai acheté des noix à 1 fr. 15 le cent, mais il y en a une mauvaise sur 5. A combien revient réellement le cent ?

719. — Un brocanteur paie un meuble 32 fr., il le fait réparer et le revend 70 fr. avec un bénéfice de 12 fr. 50. Combien a-t-il payé pour la réparation ?

720. — Quand le litre vaut 1 fr. 25, que vaut le Dl ? — l'Hl ? — le dl ?

721. — Quel est le prix d'un terrain triangulaire dont la base a 22m,50 et la hauteur 18m,70 à raison de 84 fr. l'are ?

722. — On achète 1 800 pommes pour 35 fr. ; en les revendant 2 fr. 85 le cent, combien gagnera-t-on sur le tout ?

723. — Une pièce de vin de 224 litres a coûté 65 fr. ; on a payé 52 fr. d'entrée, 15 fr. de transport et 5 fr. 25 au tonnelier pour la mise en bouteilles ; enfin il y a eu 5 litres perdus. Dites le prix de revient d'une bouteille.

724. — Si j'avais revendu 25 fr. de plus un meuble qui m'avait coûté 260 fr., je n'aurais perdu que 20 fr. Combien l'ai-je revendu ?

725. — Que coûteront 250 litres de vin à 75 fr. l'Hl ?

726. — Je solde immédiatement un mémoire de 2748 fr. et l'on me fait une remise de 5 fr. par 100 fr. Combien ai-je à débourser ?

727. — Un voyageur paie 7 fr. 50 pour une chambre qu'il a occupée 3 jours. Combien paierait-il pour 30 jours ?

728. — Dites le prix d'un terrain rectangulaire de 420m,15 sur 236m,60, à raison de 100 fr. l'are.

729. — Un entrepreneur présente un mémoire de 3950 fr., mais ce mémoire est réduit de 20 fr. par 100 fr. Combien reste-t-il net à toucher ?

730. — Un tonneau contient 220 litres. Combien faut-il de bouteilles de 75 cl pour le soutirer?

731. — Un commerçant dont le capital est de 50 000 fr. a fait un bénéfice de 30 pour 100. Quel est ce bénéfice?

732. — Une famille paie un loyer annuel de 700 fr. et 44 fr. 10 d'impositions. A combien lui revient son loyer par jour?

733. — Pour acquitter une dette de 3 600 fr., je fais deux billets dont l'un est le double de l'autre. De combien sont-ils chacun?

734. — Mon jardin a coûté 7 800 fr. à raison de 3 fr. 75 le mq; sa longueur est de 65 mètres. Quelle doit être sa largeur?

735. — Quand le double-litre de cidre vaut 0 fr. 48, que doit-on payer pour 3 Hl 5 litres?

736. — Je veux gagner 20 fr. par 100 fr. sur un terrain que j'ai payé 15 000 fr. Combien dois-je le revendre?

737. — Sur une propriété carrée de 72 mètres de côté, on a construit un pavillon également carré de 15 mètres de côté. Quel espace reste-t-il pour les plantations?

738. — Je veux payer 2 680 fr. que je dois, en trois paiements dont les deux derniers seront doubles du 1er. Quel sera le montant de chacun?

739. — J'ai acheté deux terrains à 100 fr. l'are : le 1er est un rectangle de 40 mètres sur 25; le 2e est un triangle de 50 mètres de base sur 30 de hauteur. Combien ai-je à payer?

740. — Un cultivateur vend 35 sacs de froment à 18 fr. 75 l'Hl et 43 sacs de seigle à 13 fr. 25 l'Hl. Combien doit-il recevoir si chaque sac contient 1 double-hectolitre?

741. — Un ouvrier qui travaille 26 jours par mois gagne habituellement 184 fr.; mais s'il perd 5 jours, combien lui retiendra-t-on?

742. — On a acheté à 2 fr. le mq trois terrains ayant : le 1er, 250 mq 57 dmq; le 2e, 320 mq 9 dmq, et le 3e 185 mq 5 dmq. Quel est le prix total?

743. — Une personne consomme 0 fr. 50 de tabac par semaine. Combien aura-t-elle dépensé ainsi inutilement au bout de 10 ans?

744. — Faites la facture suivante : 3 kilog. 5 de sucre à 1 fr. 65, 2 kilog. 25 de beurre à 4 fr. 70, 1 lit. 75 de vinaigre à 0 fr. 80 le litre et 0 kilog. 60 de poivre à 7 fr. le kilog.

745. Dans un champ de 12 Ha 60 ares, on a récolté 192 Hl d'avoine. Combien de litres par hectare?

746. — Un employé est aux appointements de 1 800 fr. par an; mais on lui retient un vingtième de son traitement pour la retraite. Combien touche-t-il par mois?

747. — Trouvez la surface d'un terrain carré enclos d'une haie dont la longueur totale est de 100 mètres.

748. — On a payé 62 fr. 40 pour la vitrerie de 12 croisées de chacune 8 carreaux. A combien le carreau?

749. — Un dmc de pierre pesant 5 kilog. 5, dites le poids d'une masse de 8 mc.

750. — Combien le mètre cube vaut-il de litres ?
— le dixième du mc — ?
— le centième du mc — ?

751. — Décomposez en leurs facteurs premiers :

1° 6	2° 36	3° 85	4° 204
12	48	100	306
21	54	135	315

752. 1° 360	2° 420	3° 672	4° 975
400	540	840	1 440
408	566	924	2 275.

753. — Effectuez, après les avoir simplifiés, les calculs suivants :

1° $\frac{6}{8}$ 2° $\frac{48}{54}$ 3° $\frac{4\times5}{2\times5}$ 4° $\frac{34\times6}{17\times3}$

$\frac{9}{12}$ $\frac{216}{72}$ $\frac{8\times6\times5}{3\times4}$ $\frac{25\times6\times4}{75\times3}$

$\frac{52}{26}$ $\frac{360}{48}$ $\frac{12\times7}{28}$ $\frac{8\times15\times27}{4\times3\times9}$

754. — 1° $\frac{36\times21}{63\times2}$ 2° $\frac{14\times13\times12}{7\times6\times26}$

$\frac{42\times5}{25\times7}$ $\frac{29\times6\times11\times5}{22\times58}$

$\frac{3\times4\times5\times6\times7}{4\times5\times6\times7}$ $\frac{540\times27}{3\times5\times4\times9}$

3° $\frac{3,5\times4,80}{0,7\times12}$ 4° $\frac{8,5\times65\times44}{26\times3,4\times11}$

$\frac{8,40\times56,70}{12,50\times4,8}$ $\frac{14,60\times28\times12}{7,3\times70\times6}$

$\frac{15,6\times3,4\times8,5}{1,7\times3,75\times4,05}$ $\frac{5,60\times75\times5,32}{2,50\times6,3\times4}$

755. — Combien fera-t-on d'huile avec 245 décalitres d'olives, si un hectolitre d'olives fournit 12 litres d'huile ?

756. — Une personne pourrait dépenser 3 285 fr. par an, mais

elle veut économiser chaque année 720 fr. A combien doit-elle borner sa dépense par jour ?

757. — Si je gagnais 400 fr. de plus par an, j'aurais 10 fr. à dépenser par jour. Quels sont mes appointements de l'année?

758. — J'achète 3 cravates et 2 foulards pour 24 fr.: les deux foulards me coûtent autant que les 3 cravates. Dites le prix d'une cravate et le prix d'un foulard.

759. — Calculez la surface d'un cercle de $3^m,20$ de rayon (πR^2).

760. — Quelle est la dépense annuelle d'un cheval qui consomme par mois 3 Hl d'avoine à 0 fr. 12 le litre, 25 bottes de paille à 30 fr. le cent et 28 bottes de foin à 45 fr. le cent?

761. — Un morceau de fer pèse 42 kilog. Dites-en le volume, sachant que le dmc de fer pèse 7 kilog. 8.

762. — On a versé dans un tonneau 200 litres de vin qui avaient coûté 112 fr. 20 et 20 litres d'eau. A combien revient le litre du mélange?

763. — Un commis reçoit un boni de 2 fr. 50 chaque fois qu'il vend 100 mètres de toile. Combien aura-t-il de boni quand il aura vendu 584 mètres?

764. — En admettant qu'un soldat consomme par jour 0 kilog. 730 de pain, quelle quantité en faudra-t-il pour nourrir 25 000 soldats pendant 15 jours?

765. — A 5 fr. le litre de sirop, quelle quantité en aura-t-on pour 0 fr. 35?

766. — Un ouvrier doit faire $360^m,80$ d'ouvrage en 15 jours; il a fait 25 mètres pendant chacun des sept premiers jours; combien doit-il en faire pendant chacun des derniers?

767. — Un patron a occupé lundi 5 ouvriers, mardi 7, mercredi 12, jeudi 9, vendredi 6 et samedi 8. Il les paie à raison de 0 fr. 60 l'heure et la journée est de 11 heures. Quelle somme lui faut-il pour la paie de la semaine?

768. — Pour payer 2 648 fr. que je dois, je donne 35 mètres de velours à 23 fr. 50 le mètre et 257 mètres de toile à 2 fr. 25 le mètre. Si je fais un billet pour le reste, de combien sera-t-il ?

769. — Un marchand a 3 barils de vin de même contenance : le 1er lui a coûté 135 fr. et chacun des deux autres 148 fr. Il mélange le vin des trois barils et, du tout, il remplit deux pièces égales ; à combien lui revient chaque pièce?

770. — Dites en litres la contenance d'un vase cubique de 60 cm de côté.

771. — Un berger a 75 moutons, il y en a 23 qui sont estimés 32 fr. 75 chacun et les autres seulement 26 fr. 50. Quelle est la valeur de tout le troupeau?

772. — Un réservoir à base rectangulaire a $12^m,50$ de long, $8^m,75$ de large et $7^m,25$ de haut. Quelle est en Hl sa capacité?

773. — Un ouvrière fait par jour 60 cm d'une dentelle qu'on lui paie 3 fr. 25 le mètre. Combien gagne-t-elle par semaine?

774. — Faites la facture suivante : 2m,75 de drap à 8 fr. 50, 1m,25 de soie à 7 fr. 80 et 0m,75 de ruban à 3 fr. 50 le mètre.

775. — On a payé 0 fr. 15 pour 2 dl d'une liqueur. Combien vaut l'Hl?

776. — Pour payer 3m,25 d'étoffe à 9 fr. 75, 3 chemises de chacune 6 fr. 50 et un gilet de flanelle, j'ai donné 60 fr. sur lesquels on me rend 1 fr. 25. Combien me coûte le gilet?

777. — Calculez le volume d'un prisme dont la hauteur est de 1m,25 et dont la base est un triangle de 60 cm. de base sur 45 cm. de hauteur? (Voir *Notions*, nº 168).

778. — J'ai acheté 63 litres d'orge à 36 fr. 75 le sac de 2 hectol. Combien ai-je à payer?

779. — Une pièce de blé donne 458 gerbes, chaque gerbe donne 4 litres 50 de grain qu'on vend 21 fr. l'hectol. Quelle somme produira la récolte?

780. — Dites en hectol. la contenance d'un réservoir cubique de 9m,25 de côté.

781. — Calculez le poids d'une colonne cylindrique en pierre de 2 mètres de diamètre sur 10 mètres de haut, le mc. de pierre pesant 2300 kilog. ($R^2 \times 3,1416 \times H \times 2300$.)

782. — J'ai acheté pour 17 fr. 80 de la viande à 0 fr. 85 le demi-kilog. Combien en ai-je de kilog.?

783. — En supposant qu'une vache donne par jour 6 litres de lait, et que 35 litres de lait donnent 2 kilog. de beurre, quelle quantité de beurre peut faire par semaine un fermier qui a 29 vaches?

784. — Dites le poids d'un demi-mètre cube de fer, le dmc de fer pesant 7 kilog. 5?

785. — Une cuve a pour base un rectangle de 2m,50 sur 1m,80; elle peut contenir 8190 litres. On en demande la hauteur.

786. — Une famille consomme par semaine 16 kilog. 5 de pain au prix de 1 fr. 85 les 5 kilog. Quelle est la dépense journalière, en pain, de cette famille?

787. — Une personne achète 600 œufs à 7 fr. le cent et les revend 1 fr. la douzaine. Combien gagne-t-elle?

788. — Pour faire 6 nappes, il faut 48 mètres de toile. Et pour en faire 10?

789. — Un fermier achète 2 bœufs à raison de 461 fr. chacun. Il s'acquitte en payant 48 fr. par semaine. Au bout de combien de temps aura-t-il payé sa dette?

790. — Un robinet verse 450 litres d'eau par heure. Combien lui faudra-t-il de temps pour remplir un réservoir cubique de 3 mètres de côté?

791. — Un marchand reçoit le prix de 7 pièces de vin de

chacune 184 fr. et il achète 55 hectol. de blé à 23 fr. l'hectol. Combien lui reste-t-il d'argent?

792. — Avec une pièce de drap de 64 mètres à 10 fr. 50, un tailleur fait sept pantalons à 28 fr. et 13 redingotes à 70 fr. Combien lui reste-t-il pour son bénéfice et ses frais?

793. — Si 3 mètres de drap valent autant que 15 mètres de toile, combien aura-t-on de mètres de drap pour 240 mètres de toile?

794. — Un fermier va au marché avec 14 sacs de pommes de terre; il en vend 5 pour 18 fr. Combien recevra-t-il pour les 14 sacs?

795. — Un litre de lait donne en moyenne 15 cl de crème et un litre de crème donne 0 Kg. 250 de beurre. Combien 100 litres peuvent-ils donner de kilog. de beurre?

796. — Un journalier a fait dans une ferme 24 journées à 2 fr. 75. On lui donne 60 fr. en argent et pour le surplus du beurre à 2 fr. 80. Quelle quantité doit-il en avoir?

797. — Un fermier achète chaque jour le fumier d'une écurie à raison de 10 centimes par cheval; à combien revient le mc de ce fumier, sachant que le mc pèse 750 kilog. et qu'un cheval en produit par jour 25 kilog.

798. — Le puits de Grenelle, à Paris, donne 2300 litres d'eau par minute; en supposant qu'une personne ait besoin de 18 litres d'eau par jour en moyenne, on demande le nombre de personnes auxquelles le puits de Grenelle pourra fournir de l'eau?

799. — La somme de deux nombres est 75, leur différence est 13. Quels sont ces deux nombres?

800. — Dites en litres la capacité d'un seau cylindrique de 24 cm de diamètre sur 32 cm de hauteur?

801. — Rendre 5 fois plus grande la fraction $\frac{2}{7}$

— 4 — — $\frac{5}{11}$

— 5 — — $\frac{5}{8}$

— 7 — — $\frac{5}{4}$

— 6 — — $\frac{1}{12}$

802. — Rendre 3 fois plus petite la fraction $\frac{3}{4}$

— 5 — — $\frac{2}{3}$

— 7 — — $\frac{5}{7}$

— 4 — — $\frac{16}{17}$

— 8 — — $\frac{5}{7}$

803. — Rendre 2 fois plus grande la fraction $\frac{1}{2}$

— 7 — — $\frac{5}{49}$

— 8 — — $\frac{15}{29}$

— 12 — — $\frac{4}{39}$

— 27 — — $\frac{5}{6}$

804. — Rendre 9 fois plus petite la fraction $\frac{9}{13}$

— 6 — — $\frac{5}{14}$

— 8 — — $\frac{12}{25}$

— 12 — — $\frac{48}{59}$

— 35 — — $\frac{425}{617}$.

Représenter par une expression fractionnaire :

805. $1\frac{1}{3}$, $3\frac{1}{3}$, $5\frac{1}{4}$.

806. $2\frac{3}{4}$, $8\frac{2}{5}$, $4\frac{4}{5}$.

807. $5\frac{1}{7}$, $7\frac{4}{5}$, $10\frac{1}{4}$.

808. $6\frac{2}{6}$, $11\frac{5}{8}$, $7\frac{8}{11}$.

809. $13\frac{9}{15}$, $18\frac{10}{17}$, $23\frac{16}{25}$.

810. $20\frac{1}{5}$, $6\frac{24}{37}$, $19\frac{5}{19}$.

Simplifier les fractions :

811. $\frac{4}{6}$, $\frac{8}{12}$, $\frac{12}{24}$.

812. $\frac{25}{50}$, $\frac{16}{48}$, $\frac{65}{91}$.

813. $\frac{180}{320}$, $\frac{147}{273}$.

814. $\frac{58}{174}$, $\frac{52}{128}$.

815. $\frac{195}{455}$, $\frac{324}{540}$.

Réduire au même dénominateur :

816. $\frac{1}{2}$, $\frac{1}{3}$.

817. $\frac{1}{3}$, $\frac{1}{5}$.

818. $\frac{1}{3}$, $\frac{1}{7}$.

819. $\frac{1}{2}$, $\frac{2}{5}$.

820. $\frac{3}{4}$, $\frac{5}{7}$.

821. $\frac{3}{5}$, $\frac{7}{9}$.

822. $\frac{2}{3}$, $\frac{3}{8}$.

823. $\frac{4}{5}$, $\frac{5}{9}$.

824. $\frac{5}{6}$, $\frac{3}{7}$.

825. $\frac{5}{9}$, $\frac{3}{8}$.

826. $\frac{4}{7}$, $\frac{4}{5}$.

827. $\frac{3}{5}$, $\frac{6}{11}$.

828. $\frac{7}{9}$, $\frac{5}{11}$.

829. $\frac{3}{10}$, $\frac{2}{5}$.

830. $\frac{5}{12}$, $\frac{12}{17}$.

831. $\frac{2}{3}$, $\frac{5}{6}$.

832. $\frac{5}{6}$, $\frac{5}{12}$.

833. $\frac{5}{8}$; $\frac{3}{11}$.

834. $\frac{5}{11}$, $\frac{8}{9}$.

835. $\frac{5}{6}$, $\frac{3}{8}$.

836. $\frac{3}{12}$, $\frac{4}{15}$.

837. $\frac{11}{18}$, $\frac{14}{27}$.

838. $\frac{1}{9}$, $\frac{2}{15}$.

839. $\frac{5}{24}$, $\frac{7}{26}$.

840. $\frac{28}{57}$, $\frac{35}{48}$.

841. $\frac{1}{2}$, $\frac{1}{3}$, $\frac{1}{5}$.

842. $\frac{2}{3}$, $\frac{3}{5}$, $\frac{4}{7}$.

843. $\frac{1}{2}$, $\frac{2}{3}$, $\frac{5}{7}$.

844. $\frac{4}{5}$, $\frac{7}{9}$, $\frac{1}{2}$.

845. $\frac{1}{2}$, $\frac{3}{5}$, $\frac{5}{9}$.

846. $\frac{3}{7}$, $\frac{2}{5}$, $\frac{1}{3}$.

847. $\frac{1}{2}$, $\frac{1}{3}$, $\frac{1}{4}$.

848. $\frac{7}{8}$, $\frac{3}{4}$, $\frac{1}{2}$.

849. $\frac{7}{11}$, $\frac{3}{5}$, $\frac{4}{7}$.

850. $\frac{5}{4}$, $\frac{4}{9}$, $\frac{7}{8}$.

851. $\frac{4}{9}$, $\frac{5}{7}$, $\frac{1}{11}$.

852. $\frac{8}{9}$, $\frac{3}{20}$, $\frac{2}{7}$.

853. $\frac{6}{7}$, $\frac{5}{18}$, $\frac{4}{9}$.

854. $\frac{1}{3}$, $\frac{3}{4}$, $\frac{5}{6}$.

855. $\frac{2}{3}$, $\frac{5}{6}$, $\frac{3}{8}$.

856. $\frac{5}{6}$, $\frac{3}{8}$, $\frac{17}{12}$.

857. $\frac{1}{3}$, $\frac{5}{6}$, $\frac{8}{15}$.

858. $\frac{3}{4}$, $\frac{5}{16}$, $\frac{1}{8}$.

859. $\frac{5}{8}$, $\frac{5}{12}$, $\frac{1}{5}$.

860. $\frac{2}{3}$, $\frac{5}{7}$, $\frac{10}{21}$.

Additionnez les fractions contenues dans chacun des exercices précédents (de 816 à 860).

861. $1\frac{1}{2} + 1\frac{2}{3}$.

862. $2\frac{3}{4} + \frac{5}{8}$.

863. $4\frac{1}{3} + 2\frac{3}{5}$.

864. $6\frac{2}{4} + 4\frac{3}{7}$.

865. $\frac{4}{7} + 4\frac{2}{5}$.

866. $2\frac{4}{5} + 3\frac{2}{7}$.

867. $4\frac{3}{7} + 5\frac{3}{7}$.

868. $3\frac{1}{8} + 2\frac{3}{4}$.

869. $12\frac{13}{18} + 15\frac{13}{24}$.

870. $4\frac{5}{12} + 7\frac{15}{18}$.

871. $2\frac{3}{4} + 1\frac{2}{3} + 3\frac{1}{2}$.

872. $3\frac{2}{3} + 2\frac{3}{5} + 2\frac{5}{6}$.

873. $4\frac{1}{4} + 3\frac{2}{3} + 5\frac{5}{12}$.

874. $12\frac{5}{6} + 4\frac{5}{9} + 5\frac{1}{2}$.

875. $6\frac{3}{4} + 8\frac{1}{9} + 9\frac{5}{7}$.

Faites les soustractions suivantes :

876. $\frac{7}{8} - \frac{5}{8}$.

877. $\frac{8}{9} - \frac{2}{3}$.

878. $\frac{3}{4} - \frac{7}{12}$.

879. $\frac{5}{6} - \frac{13}{18}$.

880. $\frac{1}{2} - \frac{2}{5}$.

881. $\frac{3}{7} - \frac{2}{11}$.

882. $\frac{7}{11} - \frac{7}{12}$.

883. $\frac{13}{28} - \frac{33}{64}$.

884. $\frac{3}{7} - \frac{14}{25}$.

885. $\frac{7}{9} - \frac{5}{12}$.

886. $3\frac{1}{4} - 2\frac{1}{3}$.

887. $4\frac{2}{3} - 3\frac{4}{7}$.

888. $2\frac{4}{9} - 1\frac{1}{3}$.

889. $5\frac{3}{5} - 1\frac{5}{7}$.

890. $7\frac{3}{7} - 2\frac{4}{5}$.

891. $8\frac{3}{4} - 5\frac{11}{12}$.

892. $5\frac{6}{7} - 3\frac{1}{2}$.

893. $12\frac{3}{10} - 7\frac{8}{9}$.

894. $12\frac{1}{5} - 8\frac{4}{13}$.

895. $17\frac{3}{4} - 9\frac{7}{8}$.

Faites les opérations indiquées :

896. $\left(\frac{4}{5} + \frac{1}{3} + \frac{2}{15}\right) - \frac{3}{7}$.

897. $\left(2\frac{3}{4} + 1\frac{2}{4}\right) - 2\frac{7}{8}$.

898. $\left(3\frac{2}{9} + 2\frac{1}{3}\right) - 3\frac{5}{6}$.

899. $\left(4\frac{3}{7} + 5\frac{3}{4}\right) - \left(6\frac{1}{4} + \frac{7}{8}\right)$.

900. $\left(7\frac{5}{9} + 4\frac{1}{3}\right) - \left(2\frac{5}{6} + 3\frac{7}{12}\right)$.

901. — Un apprenti voudrait avoir 100 fr. d'économies à la fin de l'année. Combien doit-il épargner chaque jour?

902. — On veut partager 845 fr. entre 5 personnes : la 1re doit avoir 145 fr. et les autres une part égale du reste. Combien revient-il à chacune?

903. — J'avais 248 fr.; j'en ai prêté les 3/4 à mon frère. Combien me reste-t-il?

904. — Je donne $17^m,35$ de drap à 12 fr. 75 le mètre pour une pièce de vin de 228 litres. A combien revient le litre?

905. — Écrire les noms des multiples et des sous-multiples du gramme avec leur valeur en grammes.

906. — Un cultivateur a vendu 48 hectol. 5 décal. de colza au prix de 12 fr. 50 le demi-hectol. Combien a-t-il reçu?

907. — Pour 3 fr., on a eu 21 objets. Exprimer sous forme de fraction le prix de chaque objet.

908. — J'ai reçu 3 sacs de pommes de terre : le premier contient 2 hectol. 5 décal., le 2e 39 décal. et le 3e 95 litres. A 5 fr. l'hectol., que dois-je payer?

909. — Divisez 854 par 36 et exprimez exactement le quotient par un nombre entier suivi d'une fraction.

910. — Que valent 6 couverts d'argent pesant chacun 148 gram. 15 millig., à raison de 200 fr. le kilog.?

911. — J'ai à payer 2m,40 de drap à 13 fr. 75 le mètre et 4m,50 de doublure à 1 fr. 25 le mètre. Combien le marchand doit-il me rendre sur 50 fr.?

912. — Un ouvrier reçoit 156 fr. 75 pour 33 jours de travail. Que gagne-t-il dans une semaine de 6 jours?

913. — Une pièce de vin en a fourni 248 bouteilles. La pièce a coûté 152 fr.; les frais d'entrée s'élèvent au quart du prix d'achat et les autres frais sont ensemble de 14 fr. 25. Exprimez en centimes et fractions de centimes le prix exact de la bouteille?

914. — On m'a vendu 60 litres d'orge à 31 fr. 75 le sac de 2 hectol. Combien ai-je à payer?

915. — 17 anneaux d'or semblables pèsent ensemble 49 gram. Dites exactement le poids de chacun.

916. — Un ouvrier fait 2 mètres d'ouvrage en 3 heures. Exprimez en fractions ce qu'il fait : 1° en une heure — 2° en 2 heures.

917. — Un champ rectangulaire de 48m,5 de long sur 37 de large a produit 197 gerbes. Exprimez exactement ce que produit chaque centiare.

918. — Si je donne les 3/5 de ce que j'ai, que me restera-t-il? — et si je donne les 3/7?

919. — Un champ donne 320 gerbes de blé, un autre 345 et un 3e 256. Si 2 gerbes donnent 7 litres de grain, combien les 3 champs donneront-ils en tout de litres de grain?

920. — Quand le demi-kilog. de beurre vaut 2 fr. 45, combien paiera-t-on pour 37 décag. 5 gr.?

921. — J'avais acheté 14 mètres d'étoffe à 0 fr. 85 le mètre, mais je viens les échanger contre 13m,50 d'une autre étoffe à 1 fr. 25. Combien ai-je à payer pour la différence?

922. — Un robinet emplirait un bassin en 5 heures; quelle partie du bassin emplirait-il : 1° en une heure?— 2° en 3 heures?

923. — Un entrepreneur s'est engagé à faire un travail en 28 jours. Pour chaque jour de retard, il perdra 25 fr. Il finit le travail en 34 jours et reçoit 950 fr. Quel était le prix convenu?

924. — On m'apporte une tonne contenant 6 hectol. 75 de cidre qu'on me vend 21 centimes le double-litre. Combien ai-je à payer?

925. — Il y a dans un panier 4 kilog. 8 décag. de beurre, 6 hectog. 40 gr. de fromage et 485 gr. de bougies; le panier lui-même pèse 38 hectog. On demande le poids du tout.

926. — Un jardinier veut tracer une demi-circonférence de 20 mètres. Quel rayon doit-il prendre? $\left(2\,R = \frac{\text{circ.}}{3,1416}.\right)$

3

927. — Deux décal. et demi de pois ont coûté 8 fr. Combien vaut le double-hectol. ?

928. — Un fermier a de la paille qu'il veut vendre 0 fr. 18 la botte ; son voisin a du foin qui vaut 48 fr. le cent. Combien le 1er donnera-t-il de bottes de paille pour avoir 450 bottes de foin ?

929. — Quand les pommes de terre valent 7 fr. 50 l'hectol., combien en aura-t-on pour 5 fr. ?

930. — Le dmc d'eau pesant 1 kilog., on demande le poids de l'eau contenue dans un vase dont la capacité est de 3 litres 25 cl.

931. — Deux mottes de beurre pèsent ensemble 40 kilog. ; la plus petite pèse 6 kilog. de moins que l'autre. Dites le poids de chacune ?

932. — Un hectol. d'huile pèse 90 kilog. 5. A 2 fr. 80 le kilog., que paiera-t-on pour 3 litres 5 décil. de cette huile ?

933. — J'achète 425 fagots à 35 fr. le cent, plus 0 fr. 05 par franc pour les frais de vente. Combien ai-je à payer en tout ?

934. — Une machine a fait d'abord les 2/3, puis les 2/9 d'un ouvrage. Quelle portion de l'ouvrage a-t-elle fait en tout ?

935. — On a vendu 5 quintaux de sucre pour 785 fr., avec un bénéfice de 2 fr. 50 par Mg. Quel est le prix d'achat du kilog. ?

936. — Un hectol. de blé fournit 65 kilog. 8 de pain ; combien faut-il de blé pour avoir 840 kilog. de pain ?

937. — On fond 165 gr. de cuivre avec 835 gr. d'argent. Combien y a-t-il de cuivre allié à un gramme d'argent ?

938. — On fond 165 gr. de cuivre avec 835 gr. d'argent. Combien y a-t-il d'argent dans un gramme de l'alliage ?

939. — J'ai acheté 3m3/4 de toile, puis 5m5/6 de la même toile. Combien en tout ?

940. — Une bouteille vide pèse 738 gr. On l'emplit d'huile et elle pèse 1 kilog. 50 gr. A raison de 21 centimes l'hectog., pour combien en contient-elle ?

941. — J'ai deux pièces de vin : l'une de 210 litres 5, qui m'a coûté 125 fr. ; l'autre de 135 litres 75, qui m'a coûté 81 fr. 50. Quelle est celle dont le vin me revient à meilleur marché et de combien par litre ?

942. — Un tisserand a fait 153 mètres d'ouvrage en 28 jours : pendant les 15 premiers jours, il travaillait 10 heures, et pendant les jours suivants, 12 heures par jour. Combien faisait-il de mètres à l'heure ?

943. — Que paiera-t-on pour la peinture de 4 murs d'une salle carrée de 5 mètres de côté sur 3m,50 de haut, à raison de 1 fr. 50 le mq et en déduisant 2 fenêtres de 2 mètres de haut sur 1m,10 de large ?

944. — J'ai acheté 75 fromages à 31 fr. le cent ; s'ils ne valaient que 28 fr. 35 le cent, combien en aurais-je eu pour la même somme ?

945. — Trouvez le poids de l'eau contenue dans une cuve à base rectangulaire de $0^m,85$ de long sur $0^m,63$ de large et $0^m,54$ de haut.

946. — Sur un terrain rectangulaire de 320 mètres de long et 254 mètres de large, on a construit 3 pavillons carrés de chacun 12 mètres de côté. Quelle surface reste-t-il pour les plantations?

947. — Écrivez par ordre de grandeur croissante les fractions :

$$\frac{8}{15}, \frac{1}{3}, \frac{2}{5}.$$

948. — Un mercier achète une pièce de toile à raison de 1 fr. 85 le mètre. Il calcule qu'en revendant 35 mètres de cette toile à 2 fr. 45 le mètre, il retrouvera le prix de la pièce entière. — Dites-en la longueur.

949. — Un ouvrier a fait $9^m3/4$ et $10^m1/3$ d'ouvrage. Combien en tout?

950. — On a fondu ensemble 800 gr. d'argent et 75 gr. de cuivre. Dites combien il y a d'argent dans un hectog. de cet alliage.

951. — J'ai deux tonneaux qui contiennent ensemble 204 litres d'alcool à 1 fr. 85 le litre. L'un des deux contient 15 litres de moins que l'autre. Dites le prix de chacun.

952. — Un fermier doit à son ouvrier 17 journées de 2 fr. 25. Il lui donne en paiement du blé à 42 fr. 30 le sac de 2 hectol. Quelle quantité?

953. — A raison de 1 fr. 15 le mc, combien coûtera le terrassement à $2^m,50$ de profondeur d'un terrain de 52 mètres de long sur 48 mètres de large?

954. — Dans une vente, deux personnes achètent ensemble un lot de 265 bouteilles de vin pour 190 fr. La première en prend 20 bouteilles de moins que la deuxième. Combien chacune a-t-elle à payer?

955. — L'alcool coûte 3 fr. 75 le kilog. Trouvez le prix du litre, sachant que 500 cmc d'alcool pèsent 396 gr. 5?

956. — Deux robinets donnent par minute : l'un 14 litres 1/2, l'autre 11 litres 3/5 d'eau. S'ils coulent ensemble, quelle quantité donnent-ils par heure?

957. — Un voyageur doit faire 28 kilom. en 6 heures : écrivez sous forme de fraction le chemin qu'il fera : 1° en une heure; — 2° en 3 heures.

958. — L'hectol. de blé pèse 75 kilog. et vaut 18 fr. 75. A combien reviennent les 100 kilog.?

959. — Une roue fait 3 tours en 5 secondes; une autre fait 7 tours en 9 secondes. Quelle est celle qui va le plus vite?

960. — Une houillère fournit annuellement 13 500 tonnes métriques de charbon qu'on vend 3 fr. 50 les 100 kilog. Quel est le produit annuel de cette mine?

961. — Écrivez par ordre de grandeur en commençant par la plus petite les fractions :

$$\frac{2}{7}, \frac{3}{5}, \frac{4}{9}, \frac{7}{15}.$$

962. — Quelqu'un achète 8^{m},25 d'étoffe à 4 fr. 70, mais à cause d'un défaut dans la pièce on lui en donne 2^{m},50 de plus. A combien revient réellement le mètre?

963. — Un rentier va toucher son trimestre,qui est de 845 fr.; mais on lui retient 5 p. $^{0}/_{0}$ de ce qu'il doit toucher. Dites le montant de la retenue.

964. — On a tiré d'un tonneau la moitié, puis le tiers, puis le septième. Quelle fraction reste-t-il dans le tonneau?

965. — Dites la contenance d'un tonneau qui pèse vide 28 kilog. 5, et plein d'eau, 274 kilog. 25 gr.

966. — En achetant des volumes, on en reçoit un de plus par douzaine. Combien doit-on en payer lorsque le libraire en donne en tout 260?

967. — Trouvez la surface d'un triangle dont la base, ayant 428 mètres, est le double de la hauteur.

968. — J'ai acheté pour 348 fr. 25 de drap, dont 13^{m},75 à 12 fr. 40 le mètre et le surplus à 15 fr. 25. Combien de mètres en tout?

969. — On a des poires à 3 pour 5 centimes et des pommes à 2 pour 3 centimes. Dites, en fractions, à combien reviennent ensemble une poire et une pomme.

970. — Évaluez le prix du savon contenu dans une caisse parallélipipédique dont les dimensions intérieures sont : longueur 1 mètre, largeur 0^{m},60, hauteur 0^{m},50, en admettant que le dmc de savon pèse 1 kilog. 75 et que le prix du kilog. soit de 1 fr. 80.

971. — Si un cheval consomme par jour 3 litres d'avoine, combien coûtera l'avoine nécessaire à la nourriture de 8 chevaux pendant 3 mois et 10 jours, l'avoine valant 12 fr. 80 l'hectol. ?

972. — Un marchand achète 30 lapins à raison de 5 pour 8 fr. et les revend à raison de 3 pour 7 fr. Combien gagne-t-il sur ses 30 lapins?

973. — Un marchand achète 3 pièces de vin pour lesquelles il paie 328 fr. 50. Chaque pièce lui fournira 248 bouteilles. Combien doit-il revendre la bouteille pour gagner 80 fr. sur le tout?

974. — 47 gerbes de blé ont donné 1 hectol. et demi de grain. Combien 4900 gerbes fourniront-elles d'hectol.?

975. — On a vendu 810 fr. de charbon à 9 fr. les 100 kilog. Combien a-t-il fallu de stères de bois pour faire ce charbon, en admettant qu'un stère produise 40 dmc de charbon et que le mc de charbon pèse 250 kilog.?

976. — On veut mettre un treillage autour d'un jardin rectangulaire de 25^{m},50 de long sur 18^{m},30 de large. Quel sera le prix de ce treillage à raison de 3 fr. le mètre courant?

977. — A raison de 1 000 fr. le mc de marbre, combien coûtera un bloc de 613 dmc?

978. — Un ouvrier avait à faire les 3/4 d'un ouvrage ; il en a fait les 2/5. Que lui reste-t-il encore à faire?

979. — 7 décam. d'une étoffe ont été vendus 165 fr. Combien coûteront 50 centim. ?

980. — Un marchand a vendu à raison de 3 fr. le kilog. le mélange suivant : 120 kilog. d'huile à 2 fr. 75 le kilog. et 180 kilog. d'huile à 2 fr. 50 le kilog. Combien a-t-il gagné ?

981. — Un terrain de 15 ares a été payé à raison de 3 fr. 50 le mq. Combien faut-il revendre ce terrain pour gagner le prix d'achat d'un are ?

982. — Le dmc de fer pesant 7 kilog. 8, quelle est la charge d'une voiture portant 38 barres de fer de $3^m,25$ de long sur $0^m,05$ de large et $0^m,04$ d'épaisseur?

983. — Un courrier fait 20 kilom. en 3 heures ; un autre fait 27 kilom. en 4 heures. Dites en fraction de kilom. la différence des routes parcourues en une heure par chacun d'eux ?

984. — On a fait les 2/5 et les 3/7 d'un ouvrage. Quelle fraction de l'ouvrage reste-t-il à faire?

985. — Dans 1 kilog. d'eau de mer, il y a 35 gr. de sel. Combien y a-t-il de sel dans 1 hectol. 5 décal. 8 lit., sachant que le litre d'eau de mer pèse 1 026 gr. ?

986. — J'achète pour 8 fr. 50 d'alcool à 2 fr. 35 le litre. De quelles mesures le marchand doit-il se servir pour mesurer ce liquide, en n'employant que le moins possible la même mesure ?

987. — Un terrain de 5 Ha 42 ares 8 ca est loué à raison de 1 fr. 75 l'are. Combien le propriétaire reçoit-il par trimestre ?

988. — Le litre d'un liquide pèse 0 kilog. 84. On demande la contenance d'un vase qu'on remplit à moitié avec 4 kilog. 250 de ce liquide.

989. — Une personne qui a du vin à 0 fr. 85 le litre y ajoute un cinquième d'eau. A combien lui revient le litre de cette boisson ?

990. — Avec 100 kilog. de farine, on fait 124 kilog. de pain, et pour avoir 100 kilog. de farine il faut 135 kilog. de blé. Dites ce qu'il faut de blé pour faire un kilog. de pain.

991. — Deux trains partent à la même heure de Paris et de Lyon à la rencontre l'un de l'autre et avec une vitesse de 30 kilom. à l'heure. Au bout de combien de temps se rencontreront-ils, sachant que la distance de Paris à Lyon est de 512 kilom. ?

992. — Quelle est la fraction à laquelle il manque 1/4 pour égaler 7/9?

993. — J'ai payé 103 fr. 04 pour 2 pièces de toile à 1 fr. 84 le mètre. Sachant que la 2e pièce a 14 mètres de plus que la première, dites la longueur de chacune.

994. — Un métier fait 8 mètres de ruban en 5 heures ; un autre

en fait 7 mètres en 4 heures ; quel est celui qui en fait le plus par heure et combien ?

995. — Un tonneau rempli de vin pèse 275 kilog. Le fût vide pèse 38 kilog. 50. On demande la capacité de ce tonneau, sachant que le litre de vin pèse 988 gr.

996. — J'ai loué, à raison de 2 fr. 75 l'are, un champ de 28 ares 47 ca. J'y ai récolté 147 gerbes de blé qui fournissent chacune 3 litres de blé ; à combien l'hectol. me revient ce blé ?

997. — Quand les huîtres valent 74 fr. 50 le mille, quel doit être le prix de 7 bourriches qui en contiennent chacune 25 douzaines ?

998. — Un bec de gaz dépense 920 litres en 7 heures ; un autre en dépense 610 litres en 5 heures. Quel est celui qui en dépense le plus et combien par heure ?

999. — On remplit un tonneau aux 2/3 en y versant 140 litres. Quelle est la contenance de ce tonneau ?

1000. — Quel est le poids de l'eau que peut contenir un bassin circulaire de 20 mètres de rayon et de 2 mètres de profondeur ?

EXERCICES.

1001. — $\frac{2}{3}\times 5$. $\frac{4}{5}\times 8$.		1012. — $8\times\frac{3}{4}$. $5\times\frac{4}{5}$.
1002. — $\frac{3}{4}\times 7$. $\frac{7}{8}\times 3$.		1013. — $9\times\frac{2}{3}$. $12\times\frac{5}{6}$.
1003. — $\frac{7}{9}\times 12$. $\frac{4}{7}\times 6$.		1014. — $15\times\frac{6}{7}$. $18\times\frac{5}{9}$.
1004. — $\frac{2}{9}\times 5$. $\frac{9}{10}\times 7$.		1015. — $24\times\frac{3}{8}$. $30\times\frac{4}{15}$.
1005. — $\frac{7}{15}\times 8$. $\frac{12}{17}\times 15$.		1016. — $47\times\frac{5}{7}$. $13\times\frac{8}{9}$.
1006. — $\frac{3}{7}\times 7$. $\frac{5}{8}\times 8$.		1017. — $40\times\frac{5}{6}$. $63\times\frac{5}{27}$.
1007. — $\frac{2}{3}\times 6$. $\frac{3}{4}\times 12$.		1018. — $78\times\frac{12}{13}$. $705\times\frac{9}{15}$.
1008. — $\frac{5}{9}\times 8$. $\frac{4}{7}\times 15$.		1019. — $95\times\frac{5}{19}$. $815\times\frac{3}{4}$.
1009. — $\frac{3}{8}\times 65$. $\frac{13}{15}\times 75$.		1020. — $350\times\frac{15}{28}$. $64\times\frac{17}{35}$.
1010. — $\frac{25}{49}\times 35$. $\frac{35}{48}\times 6$.		1021. — $\frac{1}{2}\times\frac{1}{3}$. $\frac{3}{4}\times\frac{3}{5}$.
1011. — $4\times\frac{1}{3}$. $5\times\frac{1}{4}$.		1022. — $\frac{2}{5}\times\frac{4}{9}$. $\frac{3}{7}\times\frac{5}{8}$.

1023. — $\frac{6}{7}\times\frac{4}{5}$. $\frac{3}{5}\times\frac{8}{11}$.

1024. — $\frac{5}{9}\times\frac{4}{7}$. $\frac{8}{15}\times\frac{4}{7}$.

1025. — $\frac{9}{10}\times\frac{7}{8}$. $\frac{4}{9}\times\frac{5}{13}$.

1026. — $\frac{3}{4}\times\frac{4}{5}$. $\frac{1}{2}\times\frac{2}{3}$.

1027. — $\frac{7}{9}\times\frac{9}{10}$. $\frac{6}{7}\times\frac{5}{6}$.

1028. — $\frac{5}{12}\times\frac{6}{7}$. $\frac{4}{9}\times\frac{6}{11}$.

1029. — $\frac{2}{3}\times\frac{2}{3}$. $\frac{5}{9}\times\frac{5}{9}$.

1030. — $\frac{15}{28}\times\frac{28}{15}$. $\frac{24}{35}\times\frac{42}{51}$.

1031. — $2\frac{1}{4}\times 3$. $4\frac{3}{5}\times 6$.

1032. $3\frac{2}{3}\times 5$. $7\frac{1}{4}\times 8$.

1033. — $5\frac{4}{9}\times 17$. $8\frac{5}{6}\times 5$.

1034. — $6\frac{9}{10}\times 12$. $15\frac{3}{5}\times 13$.

1035. — $\frac{3}{4}\times 5\frac{3}{7}$. $\frac{9}{17}\times 3\frac{4}{5}$.

1036. — $\frac{7}{8}\times 12\frac{3}{7}$. $\frac{6}{17}\times 4\frac{2}{3}$.

1037. — $\frac{13}{15}\times 4\frac{5}{7}$. $\frac{25}{34}\times 7\frac{3}{5}$.

1038. — $3\frac{2}{3}\times 5\frac{3}{4}$. $5\frac{2}{7}\times 4\frac{3}{8}$.

1039. — $5\frac{3}{11}\times 8\frac{2}{5}$. $8\frac{4}{5}\times 9\frac{7}{12}$.

1040. — $17\frac{5}{8}\times 13\frac{1}{4}$. $16\frac{3}{7}\times 4\frac{2}{13}$.

1041. — $14\frac{5}{12}\times 3\frac{9}{16}$. $8\frac{5}{9}\times 2\frac{3}{7}$.

1042. — $25\frac{2}{3}\times 28\frac{27}{38}$. $42\frac{3}{7}\times 16\frac{15}{17}$.

1043. — $475\times\frac{5}{8}$. $805\times\frac{12}{35}$.

1044. — $585\times 2\frac{4}{5}$. $720\times 5\frac{6}{7}$.

1045. — $704\times 5\frac{8}{15}$. $9\frac{3}{7}\times 375$.

1046. — Prendre les $\frac{2}{3}$ des $\frac{3}{4}$ de 60.

1047. — — les $\frac{5}{6}$ des $\frac{4}{9}$ de 108.

1048. — — les $\frac{2}{3}$ des $\frac{10}{9}$ de 27.

1049. — — les $\frac{4}{7}$ des $\frac{8}{11}$ de 8.

1050. — — les $\frac{2}{3}$ des $\frac{5}{8}$ de 9.

Faire les divisions suivantes :

1051. — $\frac{4}{5} : 3 \quad . \quad \frac{5}{6} : 2.$

1052. — $\frac{3}{4} : 7 \quad . \quad \frac{2}{3} : 5.$

1053. — $\frac{7}{8} : 5 \quad . \quad \frac{8}{9} : 2.$

1054. — $\frac{5}{11} : 4 \quad . \quad \frac{2}{9} : 5.$

1055. — $\frac{3}{5} : 8 \quad . \quad \frac{5}{11} : 4.$

1056. — $\frac{7}{4} : 7 \quad . \quad \frac{14}{23} : 7.$

1057. — $\frac{5}{3} : 2 \quad . \quad \frac{8}{5} : 6.$

1058. — $\frac{8}{25} : 16 \quad . \quad \frac{9}{11} : 3.$

1059. — $\frac{12}{17} : 8 \quad . \quad \frac{8}{15} : 4.$

1060. — $\frac{36}{41} : 15 \quad . \quad \frac{45}{67} : 15.$

1061. — $7 : \frac{2}{3} \quad . \quad 9 : \frac{3}{4}.$

1062. — $8 : \frac{5}{8} \quad . \quad 14 : \frac{3}{5}.$

1063. — $18 : \frac{3}{7} \quad . \quad 36 : \frac{7}{8}.$

1064. — $59 : \frac{3}{11} \quad . \quad 63 : \frac{4}{7}.$

1065. — $20 : \frac{5}{4} \quad . \quad 16 : \frac{9}{7}.$

1066. — $72 : \frac{5}{6} \quad : \quad 83 : \frac{3}{5}.$

1067. — $12 : \frac{12}{17} \quad . \quad 15 : \frac{3}{7}.$

1068. — $27 : \frac{9}{16} \quad . \quad 48 : \frac{24}{53}.$

1069. — $425 : \frac{2}{9} \quad . \quad 615 : \frac{14}{25}.$

1070. — $852 : \frac{34}{25} \quad . \quad 568 : \frac{142}{705}$

1071. — $\frac{2}{3} : \frac{3}{5} \quad . \quad \frac{3}{4} : \frac{2}{3}.$

1072. — $\frac{3}{5} : \frac{4}{7} \quad . \quad \frac{4}{5} : \frac{3}{7}.$

1073. — $\frac{5}{6} : \frac{2}{7} \quad . \quad \frac{4}{9} : \frac{1}{4}.$

1074. — $\frac{7}{15} : \frac{3}{8} \quad . \quad \frac{5}{6} : \frac{8}{11}.$

1075. — $\frac{13}{15} : \frac{2}{3} \quad . \quad \frac{17}{48} : \frac{5}{7}$

1076. — $\frac{14}{27} : \frac{11}{13} \quad . \quad \frac{32}{69} : \frac{8}{9}.$

1077. — $\frac{5}{8} : \frac{7}{9} \quad . \quad \frac{75}{89} : \frac{4}{3}.$

1078. — $\frac{43}{29} : \frac{1}{5} \quad . \quad \frac{78}{125} : \frac{3}{4}.$

1079. — $\frac{205}{321} : 2\frac{2}{15} \quad . \quad \frac{37}{42} : \frac{9}{14}.$

1080. — $\frac{65}{128} : \frac{13}{8} \quad . \quad \frac{72}{125} : \frac{18}{25}.$

1081. — $5\frac{3}{4} : 2\frac{1}{2} \quad . \quad 4\frac{5}{8} : 2\frac{1}{7}.$

1082. — $6\frac{5}{9} : 3\frac{5}{8} \quad . \quad 9\frac{1}{2} : 3\frac{2}{4}.$

1083. — $7\frac{3}{5} : 2\frac{7}{8} \quad . \quad 4\frac{5}{8} : 2\frac{6}{7}.$

1084. — $9\frac{2}{5} : 4\frac{5}{12} \quad . \quad 12\frac{3}{11} : 2\frac{7}{8}.$

1085. — $13\frac{7}{9} : 2\frac{3}{5}$. $25\frac{4}{7} : 3\frac{2}{9}$.

1086. — $25\frac{7}{18} : 4\frac{12}{25}$. $70\frac{3}{4} : 7\frac{3}{8}$.

1087. — $27\frac{1}{2} : 8\frac{5}{9}$. $63\frac{7}{9} : 8\frac{3}{4}$.

1088. — $68\frac{3}{5} : 7\frac{1}{2}$. $86\frac{1}{3} : 4\frac{3}{7}$.

1089. — $72\frac{4}{7} : 9\frac{1}{5}$. $124\frac{9}{11} : 5\frac{7}{8}$.

Faire les multiplications suivantes :

1090. — $\frac{5}{8} \times 0,5$. $\frac{7}{9} \times 0,42$.

1091. — $0,75 \times \frac{4}{5}$. $0,53 \times \frac{3}{8}$.

1092. — $5,75 \times \frac{7}{9}$. $3,60 \times \frac{4}{7}$.

1093. — $2\frac{3}{5} \times 4,08$. $13,25 \times 2,\frac{1}{4}$.

Exprimez en décimales à — 0,001 :

1094. — $\frac{3}{4}$. $\frac{5}{8}$. $\frac{5}{7}$. $\frac{2}{3}$.

1095. — $\frac{4}{7}$. $\frac{5}{9}$. $\frac{3}{8}$. $\frac{5}{11}$.

1096. — $\frac{6}{13}$. $\frac{15}{19}$. $\frac{25}{65}$. $\frac{47}{209}$.

Exprimez en décimales à — 0,001 :

1097. — $5\frac{2}{7}$. $9\frac{2}{3}$. $7\frac{1}{6}$.

1098. — $12\frac{2}{3}$. $15\frac{4}{9}$. $5\frac{3}{4}$.

Exprimez en décimales à — 0,0001 :

1099. — $12\frac{3}{7}$. $15\frac{7}{9}$. $24\frac{8}{11}$.

1100. — $21\frac{3}{7}$. $18\frac{5}{9}$. $35\frac{9}{13}$.

1101. — Un marchand achète 8 douzaines d'assiettes à 3 fr. 80 la douzaine; en les transportant, il en casse 10. Combien doit-il revendre chaque assiette pour gagner 4 fr. sur son achat?

1102. — 125 litres de blé valent 31 fr. 50. Que doit-on payer pour un sac qui en contient un hectol.?

1103. — Un cavalier part d'un ville à midi et fait 9 kilom. à l'heure; une heure après, un autre cavalier part du même point dans la même direction et fait 10 kilom. à l'heure. A quelle heure le 2e aura-t-il rejoint le 1er?

1104. — J'achète 28 litres de sirop à 2 fr. et à 3 fr. le litre pour 71 fr. Combien de litres de chaque prix?

1105. — Écrire la série des pièces de monnaie en bronze.
— — — — en argent.
— — — — en or.

1106.— Une personne boit 2/3 de litre de vin par jour. Combien boit-elle de litres dans un an?

1107. — Un ouvrier fait 5 mètres d'ouvrage en 3 heures. Combien en fait-il en 3/4 d'heure?

1108. — Dites le prix de 15^{m} 3/8 de drap à 8 fr. 72 le mètre.

1109. — J'ai acheté 7 kilog. 5 décag. de viande à 0 fr. 85 le 1/2 kilog. Combien doit-on me rendre sur 20 fr.?

1110. — Combien faut-il de pièces de 1 fr. pour faire le poids de 1 Kg? — Et de pièces de 5 fr.?

1111. — Un litre d'huile pèse 920 gr. Sachant que le Kg. vaut 2 fr. 75, combien ai-je à payer pour 3 l. 1/2 d'huile?

1112. — Deux personnes se partagent une somme de 1 000 fr.: l'une en prend les 5/8 et l'autre le reste. Dites la part de chacune.

1113. — J'avais 27 Hl de pommes de terre, j'en ai vendu les 5/9. Combien m'en reste-t-il d'Hl?

1114. — Un épicier achète 6 barils d'huile de chacun 115 litres à raison de 265 fr. les 100 kilog. Il revend le Kg 3 fr. 25. Que est son bénéfice sur le tout?

1115. — Une pile de pièces d'argent pèse 485 gr. Quelle somme renferme-t-elle?

1116. — Un tonneau contient 228 litres. Combien faut-il en tirer de litres pour qu'il n'y reste plus que le tiers de son contenu?

1117. — Un marchand achète une pièce de toile de 72 mètres, à 9 fr. 41 le mètre. Par suite d'un accident, 4^{m},25 de cette toile sont gâtés et hors d'état d'être vendus. Combien le marchand doit-il revendre le reste pour gagner 1 fr. par mètre?

1118. — Quand le sucre vaut 1 fr. 85 le Kg, combien doit-on en avoir pour 15 centimes?

1119.— Pour faire une douzaine de chemises, il faut 30 mètres de calicot à 1 fr. 25 le mètre. Si la façon est de 8 fr. 05 par demi-douzaine, à combien revient une chemise?

1120. — Combien pèsent 100 fr. en argent? — en or?

1121. — Indiquez sous la forme fractionnaire : 1° le prix du mètre de lacet, lorsque 17 mètres coûtent 5 fr.; — 2° le prix de 34 mètres.

1122. — A raison de 195 litres de semence par Ha, combien faut-il de litres de blé pour ensemencer deux pièces de terre de chacune 17 ares 8 centiares?

1123. — Cherchez les 2/3 des 3/4 de 25.

1124. — On a tiré d'un tonneau les 4/5 de son contenu et il n'y reste plus que 40 litres. Quelle est la contenance totale du tonneau?

1125. — Que pèsent 480 fr. en or?

1126. — Une vache donne en lait les 2/7 en poids du foin qu'elle consomme. Combien de litres de lait donnera une vache qui consomme par jour 18 Kg de foin?
Le litre de lait pèse 1 Kg 03.

1127. — Partagez 396 francs entre deux personnes, de manière que l'une ait les 5/16 de cette somme.

1128. — A combien reviennent 104 exemplaires d'un ouvrage qui se vend 2 fr. 35, mais dont on a donné à l'acheteur 13 pour 12?

1129. — Trouvez la surface d'un triangle dont la base a 248^m,75, la hauteur étant égale aux 3/5 de la base.

1130. — Il y a dans un sac 500 fr. en or, 200 fr. en argent et 3 fr. 45 en bronze. Dites le poids de cette somme.

1131. — Une locomotive parcourt 24 Km en 30 minutes. Indiquez sous la forme fractionnaire en combien de temps elle parcourt : 1° 1 Km; 2° 50 Mm.
Exprimez la deuxième réponse en heures et minutes.

1132. — Quatre héritiers ont à se partager un terrain de 18 Ha. Le 1er a droit au 1/3, le 2e au 1/4, le 3e au 1/6 et le 4e au reste. Dites en mq la part de chacun.

1133. — Une pièce de toile de 42^m,50 est vendue à raison de 1 fr. 75 le mètre. Combien coûteront les 2/3 de cette pièce?

1134. — Deux héritiers ont à se partager 12 Ha 40 ares. Le 1er a droit aux 2/5. Dites la valeur du lot de chacun, si le mq. vaut 0 fr. 65.

1135. — Combien y a-t-il d'argent pur et combien de cuivre dans un Kg d'un alliage : 1° au 1er titre (0,950)? — 2° au 2e (0,800)?

1136. — Dites le prix de 45 Hl de vin, sachant que le double Hl vaut 21 fr.

1137. — Pour faire le bronze des canons, on fond ensemble 9 Kg de cuivre et 1 Kg d'étain. Combien y a-t-il de cuivre et combien d'étain dans une masse de bronze pesant 75 Kg?

1138. — J'ai payé 21 fr. 35 pour deux pains de sucre, dont l'un pèse 6 Kg 5 et l'autre 7 Kg 25. — Le Kg du 1er vaut 1 fr. 50. — Combien vaut le Kg du 2e?

1139 - Pour faire 6 Kg de pain, il faut 5 Kg de farine et

pour obtenir 1 Kg de farine il faut 1 Kg 370 de blé. Combien faut-il de blé pour faire 1 Kg de pain?

1140. — Combien y a-t-il d'or pur dans un Kg d'un alliage : 1° au 1er titre (0,920)?; — 2° au 2e (0,840)?; — 3° au 3e (0,750)?

1141. — Les 13/20 d'un nombre sont 39. Quel est ce nombre?

1142. — Les 2/5 plus le 1/4 d'un nombre font 52. Quel est ce nombre?

1143. — Le lait doit donner en crème les 4/25 de son poids. Combien tirera-t-on de crème des 3/4 d'un seau qui peut contenir 25 Kg de lait?

1144. — Un marchand achète des œufs à 1 fr. 08 la douzaine et les revend 12 fr. le cent. Combien faut-il qu'il vende d'œufs pour gagner 10 fr.?

1145. — Combien y a-t-il d'argent pur dans un objet d'argent pesant 928 gr. au 2e titre (0,800)?

1146. — Un employé subit une retenue du vingtième de ses appointements. Sachant qu'il reçoit net par an 2 470 fr., dites quel est son traitement annuel.

1147. — Les 3/7 plus les 2/9 d'un terrain ont coûté 2 296 fr.; que vaut le terrain entier?

1148. — La somme de deux nombres est 78 : le plus grand vaut 5 fois le plus petit. Quels sont ces deux nombres?

1149. — Les 3/4 de ce que j'ai, augmentés de 7 fr., feraient 100 fr. Combien ai-je?

1150. — On a un lingot d'or pur de 125 gr. Combien faut-il y ajouter de cuivre pour qu'il soit au 3e titre (0,750)?

1151. — On a mélangé 42 litres de vin à 0 fr. 55 avec 65 litres de vin à 0 fr. 72. A combien revient le litre de ce mélange?

1152. — En 6 heures, un voyageur a fait les 2/9 de sa route. En combien de temps aura-t-il terminé son voyage?

1153. — Dans un lingot qui pèse 500 gr., il y a 3/10 de cuivre et le reste d'argent. Combien de grammes de chaque métal?

1154. — La capacité d'une salle est de 188mc,700, sa largeur est de 6 mètres et sa hauteur est de 4m,25. Quelle en est la longueur?

1155. — Combien y a-t-il de cuivre dans une somme de 745 fr. en pièces d'argent de 5 fr.?

1156. — A 30 centimes les 125 gr. d'huile, combien le quintal?

1157. — Quel est le nombre qui, augmenté de son tiers, donne 100?

1158. — Deux ouvriers ont fait ensemble un ouvrage qu'on a payé 161 fr. 50. L'un des deux y a travaillé 9 jours et l'autre 10 jours. Quel doit être le salaire de chacun?

1159. — Un marchand achète 240 couteaux à 7 fr. 80 la douzaine et 154 à 0 fr. 63 pièce. Il les revend tous 0 fr. 75 l'un. Combien gagne-t-il sur le tout?

1160. — Un lingot d'argent pesant 3 Kg 650 est au titre de 0,740. Combien renferme-t-il d'argent pur et combien de cuivre?

1161. — Un drapier achète 50 pièces de drap de chacune 65 mètres pour 23 887 fr. 50. Combien faut-il qu'il vende de mètres à 19 fr. pour faire un bénéfice de 1 000 fr.?

1162. — Dans un vase cubique de $0^m,60$ de côté, on a versé 180 litres de liquide. Combien peut-on en verser encore?

1163. — J'ai dépensé les 5/6 de ce que j'avais et il me reste 9 fr. Si je n'avais dépensé que les 3/4, combien me resterait-t-il?

1164. — Un peintre réclame 81 fr. 11 pour la peinture de 3 murs ayant : le 1er $3^m,50$ de long, le 2e 4 mètres, le 3e $5^m,20$ et une hauteur commune de $3^m,50$. A combien compte-t-il le mq. de peinture?

1165. — Combien y a-t-il d'argent pur dans une pièce de 2 fr.? — de 1 fr.? — de 0 fr. 50?

1166. — Un enfant qui a 1 fr. 60 dépense les 3/4 de cette somme en gâteaux et, avec le reste, il achète du chocolat à 4 fr. 50 le Kg. Combien en aura-t-il?

1167. — Un jardinier veut tracer une circonférence de 40 mètres de long. Quel rayon doit-il prendre?

1168. — Un marchand achète des peignes à 9 fr. 50 la douzaine et on lui donne le treizième en plus. Il les revend 0 fr. 95 pièce. Quand il a 10 fr. de bénéfice, combien a-t-il vendu de peignes?

1169. — Deux tonneaux de bière ont coûté ensemble 122 fr. 75; l'un des deux contient 45 litres de plus que l'autre. Sachant que le litre vaut 0 fr. 45, dites la contenance de chaque baril.

1170. — On a fondu 820 gr. d'argent pur avec 125 gr. de cuivre. Quel est le titre de l'alliage?

1171. — Un robinet viderait un tonneau en 5 heures, un autre le viderait en 7 heures : quelle portion du tonneau videront-ils ensemble en une heure?

1172. — J'ai acheté un cheval et un âne pour 585 fr.; l'âne ne vaut que les 2/11 du prix du cheval. Combien chaque bête m'a-t-elle coûté?

1173. — Calculez ce que pèserait une pièce en or du même volume, que la pièce de 5 fr. en argent, sachant que le cmc d'argent pèse 10 gr. 47 et que le cmc. d'or pèse 19 gr. 25.

1174. — 45 gerbes donnent 163 litres de blé qu'on vend 35 fr. le double Hl. Combien un fermier doit-il récolter de gerbes de blé pour payer son fermage, qui est de 965 fr.?

1175. — Calculez la valeur du Kg d'argent pur (d'après la pièce de 5 fr.).
— Kg d'or pur. —

1176. — Deux jardiniers ont arrangé ensemble un jardin, et ce travail, qui a duré 15 jours, a été payé 182 fr. L'un des deux jardiniers ayant été absent deux jours, dites ce qui revient à chacun sur cette somme.

1177. — Un robinet vide les 4/9 d'un tonneau en une heure. En combien de temps viderait-il le tonneau?

1178. — 25 Kg de blé donnent 18 Kg de farine et avec 3 Kg de farine on fait 4 Kg de pain. Combien fera-t-on de pain avec 100 Kg de blé?

1179. — Pour 71 fr. 30, j'ai acheté 26 volumes, les uns à 2 fr. 50 et les autres à 3 fr. 40. Combien de chaque prix?

1180. — On fond ensemble un lingot de 3 Kg au titre de 0,820 et un autre de 2 Kg au titre de 0,940. Cherchez le titre du nouveau lingot.

1181. — Un débiteur en retard paie comme intérêts un vingt-cinquième de sa dette en plus. On lui demande en tout 3 458 fr. Combien devait-il?

1182. — Un cheval a parcouru 10 Km en 3/4 d'heure. Quel chemin fera-t-il en 1 h. 1/3?

1183. — On ajoute 23 litres d'eau à 207 litres de vin : indiquez sous la forme fractionnaire la quantité d'eau contenue dans 5 litres du mélange.

1184. — Un marchand, qui a acheté pour 2 400 fr. de marchandises, veut faire un bénéfice égal aux 2/25 du prix d'achat. Combien doit-il revendre ses marchandises?

1185. — Quelle somme obtiendrait-on en convertissant en alliage monétaire un lingot d'or pur de 1 530 grammes?

1186. — On a des matériaux pour élever un mur de 15 mètres de long à 3 mètres de hauteur. Quelle hauteur devra avoir le mur si on veut le prolonger de 5 mètres, avec la même quantité de matériaux?

1187. — A combien revient le litre du mélange suivant : 50 litres de vin à 0 fr. 45, 60 litres de vin à 0 fr. 65, et 15 litres d'eau?

1188. — Une source donne 24 litres d'eau en 5 secondes; combien en donne-t-elle de mc en un jour?

1189. — Dites en Hl la capacité d'un réservoir parallélipipédique de 3 mètres de long, $2^{m},40$ de large et $2^{m},80$ de profondeur.

1190. — Combien faut-il ajouter de cuivre à 1 800 gr. d'argent au titre de 0,9 pour obtenir de l'alliage propre à faire de la monnaie divisionnaire, et quelle somme obtiendra-t-on?

1191. — Partager 45 en deux parties, telles que la 2e soit les 2|3 de la première.

1192. — Quel est le plus grand des 2 nombres 355/113 et 3,141592?

1193. — Une personne subit une retenue de 25 fr. égale aux 4/100 de la somme qu'elle avait à toucher. Quelle était cette somme?

1194. — Un vase peut contenir 120 litres. On l'emplit d'eau aux 2/3 et il pèse 87 Kg. Combien pèse-t-il vide?

1195. — On a fondu 530 gr. d'argent au titre de 0,9 avec 82 gr. de cuivre. Dites le titre de l'alliage.

1196. — Donnez en décimales le total des fractions :

$$\frac{15}{29}, \frac{4}{75} \text{ et } 0{,}0475.$$

1197. — Un père a 35 ans et son fils en a 7. Dans combien de temps l'âge du père ne sera-t-il plus que le double de celui du fils?

1198. — Un vase plein de lait pèse 4 kilog. 5 ; vide, il pèse 1 kilog. 751, sa capacité est de 2 litres 67. Dites le poids d'un dmc de lait.

1199. — Trois ouvriers ont entrepris ensemble un ouvrage qui a été fait en 10 jours et qu'on a payé 187 fr. L'un des trois a été 2 jours sans travailler, et un autre 3 jours. Combien revient-il à chacun ?

1200. — On fond ensemble 2 kilog. 5 décag. d'argent au titre de 0,9 ; 3 kilog. 750 gr. au titre de 0,780 ; 500 gr. d'argent pur et 46 gr. de cuivre. On demande le titre de cet alliage.

1201. — Un ouvrier gagne 38 fr. en 8 jours. Combien gagne-t-il en 26 jours?

1202. — Un commerçant gagne 25 fr. sur la vente de 250 kilog. de marchandises. Quel sera son gain sur 780 kilog. ?

1203. — J'ai payé 130 fr. pour mon loyer pendant 9 mois. Combien aurai-je payé de location au bout de 4 ans 1/2?

1204. — Avec 25 fr., j'ai acheté 40 objets. Combien aurais-je pu en avoir avec 80 fr.?

1205. — Combien y a-t-il d'heures dans un siècle, en tenant compte des années bissextiles?

1206. — Ma montre a avancé de 3 minutes en 8 heures. De combien avancera-t-elle en une semaine?

1207. — Un marchand a fait un bénéfice de 10 p. $^{0}/_{0}$ sur un achat de 1265 fr. Dites quel est ce bénéfice et combien il a tiré de la vente.

1208. — Une cuve vide pèse 35 kilog. 60 ; on l'emplit aux 2/3 d'eau et elle pèse 180 kilog. Quelle est sa contenance?

1209. — On veut gagner 20 p. $^{0}/_{0}$ sur une denrée qui coûte 1 fr. 28 le 1/2 kilog. Combien faut-il revendre le kilog.?

1210. — La lumière parcourt 298 000 kilom. par seconde; d'après cela, évaluez la distance de l'étoile Sirius à la terre, sachant que la lumière de cette étoile met environ 3 ans à arriver jusqu'à nous.

1211. — Un ouvrier a gagné 350 fr. en 80 jours de travail. Combien gagnera-t-il en 6 mois de 25 jours de travail?

1212. — Combien y a-t-il d'argent pur et combien de cuivre dans un objet pesant 328 gr. 42 au 2e titre (0,800) ?

1213. — Lorsque 100 fr. rapportent 5 r. d'intérêts par an. combien 2 600 fr. rapporteront-ils?

1214. — Si 2 ares 1/2 coûtent 145 fr., combien coûtera un terrain carré de $65^{m},80$ de côté?

1215. — Dites la longueur d'un arc de 45° dans une circonférence de 5 mètres de rayon.

1216.—J'ai gagné 24 fr. 75 sur des marchandises qui m'avaient coûté 300 fr.; quel est mon gain pour 100?

1217. — S'il faut 15 heures pour faire 81 mètres d'ouvrage, combien faudra-t-il de temps pour en faire 513 mètres?

1218. — En travaillant 8 heures par jour, il faudrait 15 jours pour faire un ouvrage. Si l'on travaillait 12 heures par jour, combien faudrait-il de jours?

1219. — Un marchand a gagné 360 fr. sur un affaire pour laquelle il a déboursé 2400 fr.; combien a-t-il gagné pour 100?

1220. — Un commis a copié un mémoire en 18 heures. Il écrivait une page en 20 minutes. Un autre commis écrit une page en 16 minutes. Combien faudra-t-il de temps à celui-ci pour copier le mémoire?

1221. — Si 100 fr. rapportent 5 fr., combien 15900 fr. rapporteront-ils?

1222. — Un ouvrier a fait les 2/3 de son ouvrage en 2 h. 1/2. Au bout de combien de temps aura-t-il fait l'ouvrage entier?

1223.—Dans une classe qui a 7m,20 de long sur 5m,75 de large, on peut placer 46 élèves. Si la classe avait 1m,80 de longueur de plus, combien pourrait-on y placer d'élèves?

1224.—Pour 328 fr., on a eu 245 kilog. Combien paiera-t-on pour 860 kilog.?

1225. — Un train qui parcourt 28 kilom. à l'heure est parti à 7 heures du matin. A quelle distance sera-t-il à 2 heures 35 minutes du soir?

1226. — A 6 p. %, que rapporteront par an 4800 fr.?

1227. — En faisant 8 mètres d'ouvrage en 3 heures, un ouvrier gagne 6 fr. par jour. Combien gagnerait-il s'il faisait 7 mètres en 2 heures?

1228. — Si 100 fr. rapportent 4 fr. 50 par an, quel revenu donnera, à ce taux, un capital de 18650 fr.?

1229. — Quelqu'un consacre les 2/5 de sa fortune à l'acquisition d'un terrain de 5552 mq. Combien aurait-il pu acheter de mq. avec les 7/8 de sa fortune?

1230.— Un arc de 1° du méridien vaut 111 kilom. 1/9; d'après cela, calculez le rayon de la terre.

1231. — On ajoute 25 litres d'eau à 275 litres de vin. Combien y a-t-il de cl d'eau dans 2 litres du mélange?

1232. — Quelle quantité de cuivre faut-il ajouter à 1670 gr. d'argent à 0,920 pour en faire un alliage propre à faire de la monnaie divisionnaire?

1233. — 4 Ha 8 ares 25 ca ont été vendus 28169 fr. 25. On demande le prix d'un lot carré de 20 mètres de côté.

1234. — Trois personnes ont acheté ensemble une prairie de 4 Ha 8 ares pour 28560 fr. La 1re a versé le 1/3 de cette somme;

la 2e, 11 424 fr., et la 3e, le reste. Dites en Ha, ares et ca la part de chacune.

1235. — Quel est le chemin parcouru en un jour par la terre dans sa révolution autour du soleil, en admettant que son orbite soit une circonférence de 152 000 000 de kilom. de rayon.

1236. — A combien revient le décal. du mélange suivant : 50 litres à 0 fr. 52, 30 litres à 0 fr. 61, 45 litres à 0 fr. 70, et 12 litres d'eau?

1237. — Si 100 fr. rapportent 5 fr. d'intérêt par an, quel est le capital qui rapporte 3 785 fr. ?

1238. — 8 ouvriers ont fait un certain ouvrage en 15 jours ; en combien de temps 12 ouvriers le feraient-ils?

1239. — A raison de 24 fr. les 30 litres de vin., combien paiera-t-on pour un tonneau qui contient les 15/8 d'un hectol. ?

1240. — Le soleil semble tourner autour de la terre en 24 heures. D'après cette apparence, combien met-il de temps à parcourir un degré?

1241. — Pour 250 fr., on a eu 215 kilog. de sucre ; combien en aura-t-on pour 420 fr.?

1242. — 25 cl d'une liqueur coûtent 0 fr. 35. Combien coûteront 235 litres 3/4?

1243. — J'avais acheté 465 litres de cidre pour mon année. Au bout de 2 mois, j'en ai consommé 105 litres. Combien faut-il que j'en rachète pour en avoir jusqu'à la fin de l'année, en supposant que ma consommation reste dans la même proportion que pendant les 2 premiers mois?

1244. — Si 25 000 fr. donnent 1 500 fr. de revenu, combien 100 fr. rapportent-ils?

1245.— Quand il est midi à Paris, quelle heure est-il : 1° à Pékin (105° long. E.) ? — 2° à New-York (77° long. O.) ?

1246. — Combien 6 300 fr. placés à 5 p. % produiront-ils d'intérêts pendant 3 ans?

1247.— Les 2/5 d'une pièce d'étoffe coûtent 1 285 fr. 60 ; combien coûteront 6 pièces de la même étoffe?

1248. — Dans 4 litres d'eau salée prise dans une chaudière, il y a 132 gr. de sel. Combien y en a-t-il dans la chaudière qui contient 1 mc 65 dmc d'eau salée?

1249. — Un industriel a perdu 245 fr. dans une entreprise où il avait mis 2 450 fr. Quelle est sa perte pour 100 fr. ?

1250.— Paris et Carcassonne sont situées sur le 1er méridien : la 1re par 49°50′ et la 2e par 43°13′ de lat. N. Dites la distance entre ces deux villes.

1251.— Sur 120 mètres d'une étoffe, on en a vendu pour 900 fr. Combien en reste-t-il, sachant que 0m,60 de cette étoffe sont vendus 7 fr. 20?

1252. — On a une table carrée de 0,888 de côté. On la recouvre de pièces de 5 fr. en argent, de manière que ces pièces se touchent. Quelle valeur peut-on mettre ainsi sur la table? (Le diamètre de la pièce de 5 fr. en argent est de 37 mm.)

1253. — Combien estime-t-on la façon d'un objet en argent au titre de 0,800 pesant 475 gr. et qu'on a vendu 150 fr. ?

1254. — Un marchand achète pour 1 500 fr. la récolte d'un champ de seigle à raison de 18 fr. 45 les 100 kilog. Combien a-t-il reçu d'hectol., sachant que le litre de seigle pèse 720 gr. ?

1255. — La densité de l'or étant 19, 26 et celle du fer 7,8, dites : 1° quel volume d'eau ; 2° quel volume de fer il faut pour équilibrer un cmc d'or?

1256. — Au bout de combien de temps 1 000 fr. placés à 5 p. %
auront-ils produit 70 fr. d'intérêt?

1257. — Une garnison de 600 hommes a consommé 27 000 kilog. de pain en 36 jours. Combien faudra-t-il de kilog. de pain pour nourrir 950 hommes pendant 57 jours?

1258. — Un sac de blé de 2 hectol. pèse 157 kilog. Si on réduit ce blé en farine, il perd les 17/100 de son poids. En admettant que 3 kilog. de farine produisent 3 kilog. 8 de pain, dites combien on fera de pain avec un sac de blé.

1259. — Combien gagne-t-on pour 100 en vendant 2 fr. 75 le kilog. une denrée qu'on a payée 235 fr. le quintal?

1260. — La densité de l'argent est 10,47. Quelle sera la valeur d'un objet en argent dont le volume est 5 cmc, si le gramme vaut 0 fr. 20?

1261. — Il a fallu les 3/4 d'une mesure de grain pour ensemencer 18 ares. Combien faudra-t-il de mesures pour ensemencer un Ha?

1262. — Je prête à quelqu'un 3 860 fr. à 5 p. %. Au bout de combien de temps me sera-t-il dû 100 fr. d'intérêt?

1263. — En revendant une pièce d'étoffe à raison de 10 fr. 50 le mètre, on gagnerait 53 fr.; si on vendait le mètre 12 fr., on gagnerait 76 fr. Dites la longueur de la pièce.

1264. — Un marchand revend une marchandise avec un bénéfice de 42 fr. 60, égal au douzième du prix de vente. Combien l'avait-il payée?

1265. — La densité du vin étant 0,993, dites la contenance d'une bouteille qui pèse, vide, 952 gr., et pleine de vin, 1 kilog. 945?

1266. — Calculez l'intérêt de 2 500 fr. à 4 p. % pendant 18 mois.

1267. — Combien faut-il ajouter d'eau à 350 litres de vin à 0 fr. 75 pour que le litre ne revienne qu'à 0 fr. 70?

1268. — Que pèse une somme de 2680 fr. en or monnayé?

1269. — Quel est le capital qui produit par an 3600 fr. de rente à 5 p. %?

1270. — La densité de l'air étant de 1 gr. 293, dites le poids de l'air contenu dans une salle carrée de 9^m,50 de côté sur 4 de haut.

1271. — J'ai acheté deux terrains dont la superficie totale est de 10 520 mq. Tous les deux sont des rectangles, mais le 1er a 15 mètres de plus sur la longueur et 12 mètres de plus sur la largeur. Quelle est la superficie de chaque terrain?

1272. — La somme de deux nombres est 56. L'un est égal aux 3/4 de l'autre. Quels sont ces deux nombres?

1273. — Un marchand achète 4500 kilog. d'huile à raison de 118 fr. les 100 kilog. Il paie comptant et on lui fait une remise de 1 p. $^0/_0$ Combien a-t-il à débourser?

1274. — Quelle est la somme qui placée à 6 p. $^0/_0$ produit annuellement 1860 fr. d'intérêt?

1275. — Une masse de fer pèse 42 kilog. : quel en est le volume, si la densité du fer est 7,40?

1276. — Un propriétaire calcule que s'il vendait ses terres à 38 fr. l'are, et s'il plaçait le prix à 5 p. $^0/_0$, il se ferait un revenu de 5800 fr. Dites la superficie de ses terres.

1277. — Si j'avais payé 14 fr. 25 de moins une pièce de vin qui me coûte 142 fr. 75, le litre me reviendrait à 0 fr. 502. A combien me revient-il maintenant?

1278. — J'ai prêté 685 fr. à 5 p. $^0/_0$ pour 8 mois. Combien recevrai-je d'intérêts?

1279. — Un marchand achète 75^m,40 de drap, à 8 fr. 47 le mètre. Combien doit-il revendre le mètre pour gagner 20 p. $^0/_0$ et combien recevra-t-il pour le tout?

1280. — Un vase peut contenir 450 gr. d'eau. On l'emplit à moitié de mercure dont la densité est de 13,60. Quel sera le poids de ce mercure?

1281. — Deux pièces de toile ont coûté ensemble 128 fr. 34; la 1re qui a 27 mètres vaut 2 fr. 50 le mètre. Combien vaut le mètre de la 2e, si celle-ci a 5 mètres de plus que la 1re?

1282. — Je paie au bout de 85 jours un billet de 1520 fr. avec les intérêts comptés à 5 p. $^0/_0$. Combien ai-je à débourser?

1283. — Deux barriques d'huile ont coûté ensemble 215 fr. 60. La 1re pèse 23 kilog. et la 2e 16 kilog. de plus. Combien vaut chaque barrique?

1284. — A quel taux ont été placés 10000 fr. qui ont produit 68 fr. 50 d'intérêts au bout de 45 jours?

1285. — La densité du lait pur étant 1,03, dites combien il y a d'eau dans 20 litres de lait qui ne pèsent que 20 kilog. 45.

1286. — Un employé subit une retenue de 5 p. $^0/_0$ sur son traitement, qui est de 2300 fr. Combien touche-t-il par mois?

1287. — 3 hectol. 5 litres de vin ont coûté 225 fr. Si le litre coûtait 5 centimes de moins, combien en aurait-on eu de litres pour le même prix?

1288. — Un marchand achète des pommes à 7 pour 5 centimes et les revend 1 centime pièce. Combien gagne-t-il sur la vente de 560 pommes?

1289. — Un hectol. de blé pèse 78 kilog. 5 et donne en farine 82 p. $^0/_0$ de son poids. Trouvez le poids de la farine que donneront 56 hectol. de blé.

1290. — Quelle serait la valeur d'une somme d'argent qui pèserait autant que 35 litres 38 centil. d'eau pure?

1291. — Un tonneau plein de vin a coûté 108 fr. On remplace un 1/25 de son contenu par 9 litres d'eau. A combien revient le litre de mélange?

1292. — Combien faut-il mettre d'eau avec 215 litres de vin à 0 fr. 65 pour que le litre du mélange ne revienne plus qu'à 0 fr. 60?

1293. — Avec 15 rouleaux de papier peint à $0^m,63$ centim. de largeur, on peut tapisser une chambre. Si l'on prend du papier à $0^m,52$ centim., combien faudra-t-il de rouleaux?

1294. — 4 829 mq de terrain m'ont coûté 5 200 fr. Si le mq m'avait coûté 25 centimes de moins, combien aurais-je eu de mq pour le même prix?

1295. — Une machine a fait 31 mètres d'étoffe en huit heures. Combien mettra-t-elle de temps pour en faire 238?

1296.— Quel capital faut-il placer à 4 1/2 p. $^0/_0$ pour se faire 75 fr. de rente par mois?

1297. — Une personne veut gagner 14 p. $^0/_0$ sur une maison qu'elle a payée 17925 fr. Combien doit-elle la revendre?

1298. — Un débiteur rembourse à son créancier une somme de 4 500 fr., plus 47 fr. 25 d'intérêts à 5 p. $^0/_0$. Depuis combien de temps avait-il fait cet emprunt?

1299. — J'avais placé 15 000 fr. dans une entreprise et après 5 ans ce capital est devenu 20000 fr. A quel taux mon argent s'est-il trouvé placé?

1300. — Combien faudrait-il de temps pour faire le tour de la terre suivant un méridien, avec une vitesse de $1^m,268$ par seconde?

1301. — Combien y a-t-il de cuivre dans 1 950 fr. en pièces d'argent de 5 fr.?

1302. — A quel taux a été placée une somme de 25 000 fr. qui a rapporté en 3 ans 5 370 fr.?

1303. — Dans quelles proportions faut-il mélanger du vin à 0 fr. 65 et du vin à 0 fr. 90 pour avoir un mélange qui revienne à 0 fr. 75?

1304. — J'ai mis dans une première affaire 1 500 fr. qui m'ont rapporté 120 fr. et dans une 2e affaire 2 400 fr. qui m'ont rapporté 198 fr. Laquelle de ces deux affaires m'a été le plus avantageuse, et de combien pour 100?

1305.— Trouver la surface d'un triangle, connaissant : la base $= 549^m,25$ et la hauteur $= 368^m,75$.

1306. — Deux ouvriers ont fait ensemble un ouvrage qu'on leur a payé 240 fr. Le 1er y a travaillé 17 jours et le 2e 23 jours. Combien revient-il à chacun?

1307. — Une somme de 35 000 fr. placée à 5 p. $^0/_0$ a rapporté 3 820 fr. Au bout de combien de temps?

1308. — 48 000 fr. ont rapporté 3 200 fr. en un an. A quel taux?

1309. — Un marchand de vin a fait le mélange suivant : 200 litres à 0 fr. 60 et 350 litres à 0 fr. 65. Combien doit-il vendre le litre du mélange pour gagner 40 fr. sur le tout?

1310. — On a un terrain ayant la forme d'un triangle équilatéral de 75 mètres de côté. Combien coûtera la clôture de ce terrain à raison de $0^{m},75$ le mètre courant?

1311. — 54 000 fr. ont rapporté 2 673 fr. en 9 mois. A quel taux étaient-ils placés?

1312. — Deux marchands ont gagné ensemble 3 500 fr. Le 1er avait mis 8 400 fr. et le 2e 7 500 fr. Quelle part chacun doit-il avoir dans le bénéfice?

1313. — Combien y a-t-il de temps que j'ai emprunté une somme de 2 000 fr. pour laquelle j'ai à payer aujourd'hui 65 fr. d'intérêts à 5 p. 0/0?

1314. — Quand le blé valait 20 fr. 45 l'hectol., la farine se vendait 33 fr. 75 les 100 kilog. Si le blé augmente de 4 fr. 60 par hectol., que vaudra le quintal de farine?

1315. — Trouver la superficie d'un trapèze dont la grande base a 258 mètres, la petite 195 mètres et la hauteur 84 mètres.

1316. — Si je dépense 4 fr. 35 par jour, il me manquera 1 fr. 15 à la fin de la semaine. Pour mettre de côté 2 fr. par semaine, quelle doit être ma dépense journalière?

1317. — Un horloger a vendu 28 montres à 125 fr. 40 la pièce, avec un bénéfice de 10 p. 0/0 ou du 10e du prix d'achat. Combien avait-il payé ses 28 montres?

1318. — Quelqu'un achète pour 50 000 fr. une maison qui rapporte 7 1/4 pour 100. Dites combien le propriétaire touchera par trimestre.

1319. — Trois associés ont fait une affaire qui a rapporté 9 350 fr. Le 1er a mis 18 000 fr., le 2e 20 000 fr. et le 3e 25 000 fr. Que revient-il à chacun dans le bénéfice?

1320. — On demande le rayon d'une circonférence de 928 mètres.

1321. — Deux ouvrières doivent faire chacune une douzaine et demie de chemises : la 1re en fait 6 en 5 jours, la 2e en fait 8 en 9 jours. Combien de jours la 2e doit-elle travailler de plus que la première?

1322. — Combien y a-t-il de grammes de cuivre dans une somme d'argent en pièces de 5 fr. qui pèse autant que 7 litres 3/4 d'eau?

1323. — Combien doit-on d'intérêts le 10 septembre pour une somme de 1 500 fr. empruntée le 15 mars précédent, le taux étant de 5 p. 0/0?

1324. — On a mélangé 50 litres de vin à 0 fr. 85 avec 60 litres à 0 fr. 75. Combien faut-il ajouter d'eau à ce mélange pour que le litre en revienne à 0 fr. 76?

1325. — Calculez la superficie d'un cercle de $12^{m},75$ de rayon.

1326. — On doit partager une somme de 144 fr. 60 entre 3 ouvriers proportionnellement à leur travail : le 1er a travaillé 7 jours, le 2e 8 jours et le 3e 9 jours. Que revient-il à chaque ouvrier?

1327. — En revendant 2 865 fr. un terrain qu'on a payé 2 658 fr., combien gagne-t-on pour 100?

1328. — Quel est le capital qui, placé à 5 p. % pendant 8 ans et 6 mois, a produit 6 720 fr. d'intérêts?

1329. — Un colporteur achète des cravates au prix de 7 fr. 50 la douzaine et les revend 1 fr. 25 la pièce. Combien gagne-t-il sur la vente de 25 cravates?

1330. — On veut recouvrir de sable à 15 centim. d'épaisseur une cour carrée de 25 mètres de côté. Combien coûtera ce sablage à raison de 6 fr. le mc?

1331. — On a payé 56 fr. 70 pour le transport de 135 caisses pesant chacune 60 kilog. Combien paiera-t-on pour le transport de 250 caisses pesant chacune 80 kilog.?

1332. — Une propriété de 5 Ha 7 ares a coûté 32 000 fr. Combien faut-il revendre le mq pour gagner 10 p. %?

1333. — Comment pourrait-on payer 40 fr. avec des pièces de 5 fr. et de 2 fr., en n'employant que 14 pièces en tout?

1334. — Quelle somme ai-je à recevoir le 15 octobre sur un billet de 1 200 fr. payable le 26 décembre suivant et escompté à 6 p. %?

1335. — Combien doit-on payer pour la peinture d'une porte dont la partie supérieure est demi-circulaire, les dimensions étant : hauteur totale, $3^{m},50$; largeur, 2 mètres? La peinture se paie à raison de 1 fr. 35 le mq.

1336. — Deux marchands ont vendu en commun pour 15 800 fr. de marchandises. La part du 1er dans le bénéfice a été de 880 fr. et celle du 2e de 700 fr. On demande quelle était la mise de chacun.

1337. — Trouvez pour 48 jours l'escompte à 4 1/2 p. % d'un billet de 5 460 fr.

1338. — Trois associés ont fait un bénéfice de 18 000 fr., dont 7 500 fr. reviennent au 1er, 5 000 fr. au 2e et le reste au 3e. Le 1er avait mis 22 500 fr. Dites la mise de chacun des autres.

1339. — Pour obtenir un lingot d'or au titre de 0,9, on a fondu ensemble un lingot de 70 gr. au titre de 0,780 et un autre d'or pur. Quel était le poids de ce dernier?

1340. — Combien coûtera la peinture de 14 colonnes cylindriques de $0^{m},09$ centim. de rayon sur $3^{m},25$ de haut, à raison de 1 fr. 25 le mq?

1341. — Dans quelles proportions faut-il mélanger du vin à 0 fr. 65 avec du vin à 0 fr. 90 pour avoir un mélange revenant à 0 fr. 75?

1342. — Un voyageur qui parcourt 5 200 mètres par heure est parti depuis 3 heures. Alors on fait courir après lui un cavalier qui fait 9 700 mètres à l'heure. Au bout de combien de temps le cavalier aura-t-il atteint le piéton?

1343. — Combien pèsent 458 fr. 20 composés de la manière suivante : 200 fr. en or, 257 en argent et le reste en bronze?

1344. — Dans 8 kilog. d'eau, on a fait dissoudre 1 kilog. de sucre. Combien faut-il ajouter d'eau pour qu'il n'y ait plus que 100 gr. de sucre par litre d'eau ?

1345. — Combien coûtera la couverture d'un clocher ayant la forme d'une pyramide quadrangulaire, le côté du carré de la base étant de 8 mètres et la perpendiculaire abaissée du sommet sur le milieu d'un côté étant de 12m75 ? Le prix de revient est de 10 fr. par mq.

1346. — Partager 135 fr. entre deux personnes de manière que l'une ait un quart en sus de l'autre.

1347. — 3 fermiers mettent leurs troupeaux dans le même pâturage et se partagent les frais suivant le nombre de leurs moutons : le 1er en a 245, le 2e 128 et le 3e 357. Les frais consistent en 650 fr. de loyer et 1350 fr. pour le salaire de deux bergers. Combien chaque fermier a-t-il à payer ?

1348. — Je paie comptant 48m,50 de drap à 9 fr. 60 le mètre. On me fait une remise de 2 p. %. Combien ai-je à débourser ?

1349. — En achetant des livres, j'en reçois un de plus par douzaine. Combien en ai-je payé lorsqu'on m'en donne 455 ?

1350. — Quelle est la hauteur d'un triangle dont la surface est de 1 690 mq 50 et dont la base a 48m,75 ?

1351. — Quel sera l'escompte d'un billet de 897 fr. à 5 % pour le nombre de jours compris entre le 1er janvier et le 15 mars suivant ?

1352. — Combien recevrai-je sur un billet de 1 250 fr. payable le 8 novembre et que je présente à l'escompte le 24 juin, le taux étant de 6 p. % ?

1353. — Une marchandise se vend 8 fr. 25 le kilog. au comptant. Combien la vendra-t-on à un an de terme, si l'on veut un intérêt de 6 p. % ?

1354. — De 3 mc de bois de sciage, on a tiré 450 planches de 1m,80 de long. Combien 8 mc de bois pourraient-ils produire de planches de 0m,90 de long ?

1355. — On veut construire un réservoir à base rectangulaire qui puisse contenir 400 hectol. d'eau. La longueur doit être de 3m,5 et la largeur de 3 mètres. Quelle en sera la profondeur ?

1356. — Combien faut-il ajouter de cuivre à 480 gr. d'argent au titre de 0,9 pour en faire de l'alliage à 0,835 ?

1357. — Quatre personnes se sont cotisées à proportion de ce qu'elles avaient dans leur bourse pour donner 20 fr. à un pauvre. Combien chacune a-t-elle donné, sachant qu'elles avaient : la 1re 20 fr., la 2e 38 fr., la 3e 52 fr. et la 4e 90 fr. ?

1358. Combien faut-il vendre le litre du mélange suivant : 120 litres de vin à 0 fr. 60 et 80 litres à 0 fr. 80, pour gagner 20 p. % ?

1359. — En vendant à raison de 2 fr. 60 le Kg de la viande qui lui revient à 1 fr. 95 le Kg, combien le boucher gagne-t-il pour 100 ?

1360. — Combien paiera-t-on pour la peinture des 4 murs d'une salle carrée ayant 5 mètres de côté sur 4 mètres de hauteur, sachant que le mq. revient à 1 fr. 75? La salle a 4 fenêtres de 1 mètre de large sur 2 mètres de haut et 2 portes de $0^m,90$ de large sur 2 mètres de haut.

1361. — Un rentier peut dépenser 7 fr. 80 par jour. On sait que son capital est placé à 5 p. $^0/_0$. Dites ce qu'il possède.

1362. — Un marchand a acheté 29 pièces de drap de 48 mètres chacune à raison de 9 fr. 85 le mètre. Il a vendu le tout avec un bénéfice de 23 p. $^0/_0$. Dites : 1° son bénéfice; 2° le prix de vente du mètre de drap.

1363.— On veut doubler un tapis de $3^m,75$ de long sur $2^m,80$ de large avec de la toile à $0^m,85$ de large. Combien en faut-il de mètres?

1364. — En revendant un meuble 112 fr., le marchand gagne 12 p. $^0/_0$ sur le prix d'achat. Combien avait-il payé le meuble?

1365. — Une cuve cylindrique a pour base un cercle dont la superficie est de 2 mq 78 dmq; sa hauteur est de $1^m,75$. Quelle est en litres la capacité de cette cuve?

1366. — On avait empli un tonneau aux 3/4, puis on a vidé la moitié de ce qu'il contenait et il y reste encore 60 litres. Dites la capacité du tonneau.

1367. — Le bronze des cloches est un alliage de 78 parties de cuivre et de 22 d'étain. Le cuivre vaut 2 fr. le Kg et l'étain 3 fr. 40 le Kg. Combien coûtera une cloche pesant 548 Kg, si la façon est égale au prix de la matière?

1368. — Combien faut-il allier de cuivre avec 5 Hg d'argent au titre de 0,95 pour en faire un alliage au titre de 0,750?

1369. — Les 2/7 et le 1/5 d'une pièce de drap font ensemble 34 mètres. Dites la longueur de la pièce.

1370. — Calculez le poids d'une pyramide en pierre dont la base est un carré de 2 mètres de côté et dont la hauteur est de 4 mètres. La densité de la pierre est supposée de 2,25.

1371. — Quel est le capital qui, placé à 5 p. $^0/_0$, a rapporté 1593 fr. 40 en 4 ans 3 mois et 12 jours?

1372. — Quelle remise obtiendra-t-on sur 1865 fr. 75 payés 11 mois avant le terme convenu, si l'escompte est de 6 p. $^0/_0$ par an?

1373. — On doit à deux ouvriers 368 fr. 90 pour un ouvrage auquel le 1er a travaillé 28 jours et 10 heures par jour, et le 2e 35 jours et 9 heures par jour. Combien chacun doit-il recevoir?

1374. — Dans un champ de 345 ares, on a récolté 118 900 Kg de betteraves qui donnent 5 p. $^0/_0$ de leur poids en sucre. Combien un Ha planté en betteraves peut-il donner de sucre?

1375. — Évaluez le poids d'un pain de sucre, connaissant : le diamètre de la base = 30 cm et la hauteur = 40 cm. La densité du sucre est de 1,60.

1376. — J'ai vendu pour 228 fr. 80 de chocolat, dont les 3/5 du poids à 3 fr. 60 le Kg et le reste à 3 fr. 40. Combien avais-je de Kg en tout?

1377. — Sur un billet de 740 fr. que je fais escompter à 5 p. %, on me remet seulement 729 fr. Dans combien de temps le billet était-il payable?

1378. — Une personne qui a du vin à 0 fr. 85 le litre y ajoute 1/3 d'eau. Calculez, à l'aide des fractions, le prix de revient d'un litre de ce mélange.

1379. — Quelle doit être la longueur d'un silo ayant 80 cm de largeur sur autant de profondeur, destiné à recevoir 200 Hl de pommes de terre ?

1380. — La plus grande des pyramides d'Égypte a 146 mètres de hauteur et pour base un carré de 233 mètres de côté. Calculez-en le volume comme si elle était pleine.

1381. — On m'a prêté 250 fr. à 4 p. % il y a 8 mois. Je vends aujourd'hui à mon créancier 48 Dl de pommes de terre à 4 fr. 60 l'Hl. Combien ai-je encore à lui remettre d'argent pour m'acquitter?

1382. — J'ai fait escompter le 15 mars un effet de 800 fr. payable le 5 juillet suivant. Combien ai-je à toucher?

1383. — Dans un jardin carré de 138 mètres de côté, on a construit un pavillon carré de 12 mètres de côté devant lequel on a creusé un bassin circulaire de 6 mètres de diamètre. Les autres bâtiments, les cours et les allées occupent un espace de 275 mq. Que reste-t-il pour les plantations?

1384. — Le bronze des cloches est un alliage de 78 parties de cuivre et de 22 d'étain. Dites le poids d'une cloche dont le volume est de 385 dmc en ne tenant pas compte de la contraction qui a pu se produire entre les deux métaux.

1385. — On veut faire des tuyaux de poêle ayant 15 cm de diamètre. Quelle doit être la largeur de la tôle, si pour réunir les deux bords on perd 25 mm de tôle?

1386. — Évaluez le poids d'un tas de fumier ayant 10 mètres de long, 6 mètres de large et 2m,5 de hauteur, sachant que le mc de fumier pèse 750 Kg.

1387.—Un marchand a acheté, pour 3 990 fr., 28 pièces de toile de chacune 57 mètres. Quelque temps après, il rachète encore pour 3 990 fr. de la même toile et la paie 0 fr. 75 de moins par mètre. Combien a-t-il eu de pièces dans ce 2e achat, si chaque pièce est plus longue de 3 mètres?

1388. — Un maquignon vend un cheval 550 fr. et fait ainsi un bénéfice de 10 p. % sur le prix d'achat. Combien le cheval lui avait-il coûté?

1389. — Une pièce de toile écrue de 85 mètres revient à 150 fr. Au blanchissage, la toile a raccourci et le mètre revient alors à 1 fr. 92. De combien la pièce a-t-elle raccourci?

1390. — Calculez la surface d'un globe géographique de 60 cm de diamètre.

1391. — Un billet de 400 fr. n'est payable que dans 45 jours Combien recevra-t-on si on le touche dans 8 jours, l'escompte étant à 6 1/4 p. 0/0?

1392. — Une personne achète pour 1950 fr. un pré qu'elle

compte louer 60 fr. après l'avoir entouré d'une clôture qui lui coûtera 80 fr. A quel taux son argent se trouvera-t-il ainsi placé?

1393. — On a acheté des pommes de terre à 10 fr. 25 les 100 Kg et on les revend 7 fr. 60 l'Hl. Combien faut-il vendre d'Hl pour gagner 90 fr., sachant que l'Hl pèse 60 Kg?

1394. — Un navire qui a 25 hommes d'équipage a des vivres pour un voyage qui doit durer 180 jours; mais, après 20 jours de navigation, il recueille 10 naufragés. A combien faut-il réduire la ration de chaque personne pour que le navire puisse garder la mer pendant le même temps?

1395. — Quel est le volume d'une sphère de 1 mètre de diamètre?

1396. — On a deux pièces du même drap : l'une, plus longue que l'autre de 7 mètres, coûte 360 fr., et l'autre 296 fr. Dites la longueur de chaque pièce.

1397. — J'ai acheté, avec 7 475 fr., 23 actions industrielles qui me rapportent chacune 20 fr. par an. A quel taux mon argent se trouve-t-il ainsi placé?

1398. — J'ai acheté, à 7 fr. 50 le mètre, 5 pièces de drap de chacune 48 mètres. Je revends ce drap avec une perte de 2 p. $^0/_0$. Quelle somme en ai-je retirée?

1399. — Dans une faillite, un créancier perd 35 p. $^0/_0$ de ce qui lui est dû. S'il reçoit 3 960 fr., pour combien était-il engagé dans la faillite?

1400. — Trouver le poids d'un boulet sphérique en fer de 23 cm de diamètre. La densité du fer est 7,35.

1401. — Par quel nombre faut-il multiplier 29 1/2 pour avoir 67 1/4?

1402. — On a acheté du drap à 104 fr. les 8 mètres; on l'a revendu à 80 fr. les 5 mètres; la vente totale ayant produit 114 fr. de bénéfice, on demande le montant de cette vente.

1403. — Un marchand achète 12 douzaines de vases au prix de 15 fr. la douzaine. En les transportant, il casse 6 vases : à quel prix doit-il revendre chacun de ceux qui lui restent pour faire un bénéfice total de 27 fr.?

1404. — Un cultivateur vend 675 kilog. de seigle 99 fr.; l'Hl vaut 11 fr. Quel est le poids d'un hectol. de seigle?

1405. — Un terrain de 3 Ha 25 ca a été payé 27 500 fr. Combien doit-on revendre le mq pour gagner 17 fr. par are?

1406. — On propose de troquer du drap à 12 fr. 35 le mètre contre de la soie à 9 fr. 87 le mètre. Combien devra-t-on recevoir de soie en échange de 18 mètres de drap?

1407. — Un vase plein d'huile d'olive pèse 14 kilog. 1/2; vide, il pèse 7 kilog. 8. Dites la capacité du vase, sachant que la densité de l'huile est 0,915.

1408. — Un Ha donne en moyenne 500 gerbes de blé. Quel est le poids du blé que produit chaque gerbe, sachant que l'Ha donne 19 hectol. de grain et que l'hectol. de grain pèse 75 kilog.?

1409. — Un morceau de bœuf de 6 kilog. 3 a été payé avec

les os à raison de 1 fr. 05 le kilog.; le poids des os est le 1/7 du poids total. On demande à quel prix revient le kilog. de viande.

1410. — Trouver le rayon de la lune, sachant qu'il est égal aux 3/11 de celui de la terre.

1411. — 18 hectol. de seigle ont coûté 270 fr.; le décal. de froment se vend moitié plus que le décal. de seigle. Combien coûteront 24 hectol. de froment?

1412. — Un marchand a vendu $27^m,15$ de drap pour 298 fr. A ce prix, il perd 16 fr. 25. Combien avait-il payé le mètre de ce drap?

1413. — 8 kilog. 5 hectog. de chocolat ont coûté 19 fr. Quel serait le prix de 15 décag. de ce chocolat?

1414. — Un Ha a produit 19 hectol. de froment et 32 quintaux de paille; le froment se vend 27 fr. l'hectol., la paille 2 fr. 50 le quintal, les frais de culture s'élèvent à 194 fr. 50. Quel est le bénéfice du cultivateur?

1415. — Dites la surface d'un triangle dont la hauteur, égale aux 4/5 de la base, est de 26 mètres.

1416. —Les 5/6 d'un champ ont coûté 428 fr.75. Quel est le prix des 3/4 de ce champ?

1417. — La somme de deux nombres est 48; le plus petit est les 5/7 du plus grand. Quels sont ces deux nombres?

1418. — Deux courriers éloignés de 322 kilom. se dirigent l'un vers l'autre d'un mouvement uniforme : l'un fait 8 kilom. à l'heure, l'autre en fait 6. A quelle distance des deux points de départ se rencontreront-ils?

1419. — Pour faire du pain, on pétrit la farine avec son poids d'eau, mais à la cuisson la pâte perd 20 p. $^0/_0$ de son poids. Combien faudra-t-il de kilog. de farine pour faire 350 kilog. de pain?

1420. — Trouvez la surface d'un cercle inscrit dans un carré de 12 mètres de côté.

1421. — On achète 25 kilog. de marchandise à 1 fr. 45 le kilog.; on paie ensuite 3 fr. à un commissionnaire pour l'apporter; les autres frais s'élèvent à 0 fr. 25 par kilog. Combien faut-il vendre le kilog. pour gagner 12 fr. sur le tout?

1422. — On donne à une personne 1/3 d'une somme, à une seconde 1/4 et à une 3e les 15 000 fr. qui restent. Quelle est cette somme?

1423. — Des ouvriers creusent un canal, et chaque jour l'ouvrage avance de 3/40. Au bout de combien de jours sera-t-il terminé?

1424.—Un ouvrier ferait un ouvrage en 5 heures, un autre le ferait en 7 heures. S'ils y travaillent ensemble, au bout de combien de temps auront-ils fini l'ouvrage?

1425. — 35 dmc 054 de fer ont coûté 65 fr. 45. En admettant qu'un volume quelconque de fer pèse 7 fois 1/2 plus qu'un égal volume d'eau, dites le prix de 142 gr. 35 de ce métal.

1426. — Un négociant gagne le 1/4 du prix d'achat en vendant 228 fr. une marchandise; combien l'a-t-il achetée?

1427. — On fait dissoudre 4 kilog. de sel dans 20 kilog. d'eau distillée ; ensuite on a besoin d'une dissolution qui doit contenir seulement 2 kilog. de sel pour 15 litres d'eau. Combien faut-il ajouter d'eau à la première dissolution pour obtenir la seconde ?

1428. — Un tonneau contient 200 litres de vin ; on y verse 25 litres d'eau ; on tire ensuite 50 litres du mélange et l'on ajoute encore 20 litres d'eau. Combien y a-t-il de vin dans un litre de ce qui reste dans le tonneau ?

1429. — Une lampe brûle 18 gr. d'huile par heure ; on la laisse allumée, en moyenne, 3 heures 20 minutes par soirée ; 10 kilog. 8 hectog. de l'huile employée coûtant 16 fr. 20, quelle est la dépense pour 30 jours ?

1430. — Trouver la surface d'un trapèze, connaissant : 1° la grande base = 125 mètres ; 2° la petite base = 68 mètres ; 3° la hauteur = 54 mètres.

1431. — On achète des haricots à 5 fr. le double-décalitre pour 250 fr. Combien faut-il les revendre le litre pour gagner 65 fr. sur le tout ?

1432. — On a acheté 89 hectol. 25 litres de vin à 0 fr. 42 le litre ; il s'en est perdu en route 170 litres. On demande à combien revient l'hectol. de ce qui reste.

1433. — Trois ouvriers se sont partagé une somme : le 1er a eu le tiers de la somme ; le 2e 48 fr. et le 3e autant que le 2e plus les 10 fr. qui restaient. Quelle est la somme partagée ?

1434. — Partagez une somme de 1400 fr. entre 3 personnes, de manière que la 2e ait 75 fr. de plus que la 1re et la 3e 80 fr. de plus que la 2e.

1435. — La surface d'un triangle est de 348 mq 75 — La base étant égale à 18 mètres 50, quelle est la hauteur ?

1436. — Deux pièces de drap de même qualité coûtent l'une 401 fr. 85, l'autre 324 fr. 30 : la 1re a 8m,25 de plus que la 2e. On demande quelle est la longueur de chaque pièce.

1437. — Partager 26 000 fr. entre 3 personnes, de manière que la part de la 2e soit les 2/3 de celle de la première et que la part de la 3e soit les 3/4 de celle de la 2e.

1438. — On a payé 25 fr. une certaine quantité de laine, alors que le prix de cette laine venait d'augmenter de 15 p. %. Combien l'aurait-on payée avant l'augmentation ?

1439. — Une personne veut acheter, pour 200 fr., du sucre à 1 fr. 40 le kilog. et du café à 4 fr. 60 le kilog. ; elle veut autant de kilog. de sucre que de café. On demande combien elle aura de chaque denrée.

1440. — On demande le poids d'une somme de 3 749 fr. 50 en monnaie divisionnaire et combien pour fabriquer cette somme il a fallu de cuivre et d'argent.

1441. — Une barrique de vin de 228 litres a coûté 85 fr. prise chez le producteur ; on a payé pour le transport 16 fr. 46 et à l'octroi 7 fr. 50 par hectol. Dites à combien revient la bouteille de 75 cl.

1442. — Un particulier a dépensé successivement le tiers, le quart et le cinquième de sa fortune qui s'élevait à 100 000 fr. Combien lui reste-t-il?

1443. — Un père a 35 ans et son fils 7 ans. Dans combien de temps l'âge du père sera-t-il le triple de celui du fils?

1444. — Trois marchands ont mis en société : le 1er 25 800 fr., le 2e 35 900 fr., le 3e 42 500 fr.; ils ont gagné 26 050 fr. Combien revient-il à chacun dans le bénéfice?

1445. — La cloche du Kremlin à Moscou pèse, dit-on, 196 464 kilog. Si l'on en faisait une colonne cylindrique pleine, de 1 mètre de diamètre, quelle serait la hauteur de cette colonne? La densité du bronze est 7,85.

1446. — Une lingère a fait confectionner 150 chemises pour la somme de 322 fr. 50. Combien doit-elle revendre la douzaine pour gagner 0 fr. 75 par chemise?

1447. — Partager 48 en trois parties telles que les deux premières soient égales et que la troisième soit les 2/3 de l'une des autres.

1448. — Avec 25 kilog. de lait, on a fait 2 kilog. de beurre. Combien faut-il de lait pour obtenir 15 kilog. de beurre?

1449. — Un robinet emplit en 3 heures les 5/11 d'un bassin. En combien de temps en remplirait-il les 3/4?

1450. — Le litre d'une liqueur coûte 4 fr. 75; pour combien y en a-t-il dans un vase dont la contenance est de 350 cmc?

1451. — En revendant un meuble 260 fr., le marchand fait un bénéfice égal au 1/3 de ce que le meuble lui avait coûté. Dites le prix d'achat.

1452. — On achète de l'eau gazeuse à raison de 0 fr. 65 la bouteille. On revend les bouteilles vides au prix de 10 cent., en sorte que la dépense ne se monte plus qu'à 41 fr. 25. Combien avait-on acheté de bouteilles d'eau gazeuse?

1453. — Un placier reçoit 5 p. $^0/_0$ du prix de la marchandise qu'il est chargé de vendre. Sa dépense en voyage est de 12 fr. par jour. En 15 jours, il a vendu pour 4 860 fr. de marchandise. Quel est son gain journalier, défalcation faite de ses frais?

1454. — Un ouvrier ferait un ouvrage en 15 jours, un autre le ferait en 12 jours. En combien de jours le feront-ils, s'ils travaillent ensemble?

1455. — Le budget de la France est de 2 milliards 600 millions. Combien faudrait-il de chariots pour porter une telle somme en pièces d'argent, en supposant que chaque chariot puisse supporter 2 600 Kg?

1456. — Dans quelle proportion faut-il mélanger deux farines qui valent, la 1re 80 cent. le kilog. et la 2e 56 cent., pour obtenir un mélange à 0 fr. 70 le kilog.?

1457. — La soudure des plombiers est un alliage de 1 partie d'étain et de 2 parties de plomb. A combien revient le kilog. de cet alliage, si l'étain vaut 2 fr. 50 le kilog. et le plomb. 60 cent.?

1458. — Un hectol. de colza donne environ 31 litres 25 d'huile. Combien pourra-t-on retirer d'huile de 569 kilog. de graine, sachant que l'hectol. pèse 65 kilog. ?

1459. — Pour tapisser une chambre, il faut 12 rouleaux de papier de 8 mètres de long sur $0^m,45$ de large. Si le papier avait 55 cm de large, combien en faudrait-il de rouleaux?

1460. — On a payé 325 fr. pour faire planchéier une salle de $10^m,75$ sur $8^m,50$. Combien paierait pour faire planchéier une autre salle de $15^m,60$ de long sur $7^m,50$ de large?

1461. — Deux ouvriers travaillent à un ouvrage qu'ils doivent finir en quatorze jours, mais au bout de 5 jours on leur adjoint trois autres ouvriers travaillant de la même manière. Au bout de combien de jours l'ouvrage sera-t-il terminé?

1462. — Un cavalier doit parcourir une distance de 48 Km. Il part avec une vitesse de 9 Km à l'heure, mais au tiers de sa route il augmente sa vitesse de 2 Km. A quelle heure arrivera-t-il à sa destination, s'il est parti à huit heures du matin?

1463. — Une opération commerciale à laquelle on a consacré 17 360 fr. a rapporté 2 085 fr. En déduisant 865 fr. de frais divers, dites à quel taux l'argent a été ainsi placé?

1464. — Quel est l'intérêt de 6 875 fr. à 4 1/2 pour $^0/_0$, au bout de 45 jours?

1465. — La pression atmosphérique est équivalente à celle d'une colonne de mercure de 76 cm de hauteur. La densité du mercure étant de 13,50, on demande de calculer le poids d'une colonne d'air qui aurait 1 mètre carré de base.

1466. — Un ouvrier gagne 3 fr. 75 par jour et dépense 14 fr. 50 par semaine. En combien d'années aura-t-il économisé 2 000 fr., s'il travaille en moyenne 300 jours par an?

1467. — On achète deux tonneaux de vin : l'un contient 2 Hl 50 litres de plus que l'autre et coûte 562 fr. 50, le 2e coûte 450 fr. Quelle est la contenance de chaque tonneau?

1468. — Un vase plein d'eau pèse 2 Kg 500; plein de lait, il pèse 2 Kg 568. Sachant que la densité du lait est 1,034; donner: 1° la capacité du vase; 2° son poids.

1469. — Une personne a emprunté 1 500 fr. le 6 mars 1875; et 1 800 fr. le 12 juillet suivant. Combien doit-elle au 1er janvier 1876, intérêts et capital à 6 p. 0/0?

1470. — Quelle doit être la hauteur des montants du stère lorsque les bûches ont $1^m,20$ de longueur.

1471. — Un marchand a acheté deux pièces de drap de même longueur pour 1 684 fr. 62; il en a revendu 15 mètres pour 219 fr. 75 et il a gagné 2 fr. 05 par mètre. Combien y avait-il de mètres dans chaque pièce?

1472. — A quel taux faut-il placer 5 800 fr. pour avoir au bout de 8 mois 184 fr. 1/3 d'intérêts?

1473. — On a semé dans un terrain 220 litres de blé ; le rendement a été de 350 gerbes, 100 de ces gerbes ont donné 7 Hl de blé. Quel est le produit d'un litre de semence?

1474. — Une servante porte quinze douzaines d'œufs au marché, avec ordre de les vendre 0 fr. 90 la douzaine. Elle en a déjà vendu quatre douzaines à ce prix lorsqu'elle casse 6 œufs. A combien doit-elle vendre la douzaine de ce qui lui reste pour réparer cette perte?

1475. — Les feuilles de zinc pour la toiture ont deux mètres de long sur 0m,75 de large et 0m,002 d'épaisseur. Calculez le poids d'une de ces feuilles.

1476. — Un vigneron a vendu pour 1 860 fr. les quarante pièces de vin qu'il a récoltées. Quelle somme aurait-il touchée s'il avait pu récolter 25 pièces de plus?

1477. — Un marchand qui se retire des affaires avec une fortune de 125 000 fr. trouve qu'il a gagné 60 p. % de son capital primitif. Quel était ce capital?

1478. — Un billet payable dans quatre mois a subi un escompte de 8 fr. au taux de 6 p. %. Quelle est la valeur nominale de ce billet?

1479. — A quel prix revient le litre d'un mélange de 80 litres de vin à 0 fr. 50 le litre, de 108 litres à 0 fr. 70 et de 60 litres à 0 fr. 65?

1480. — Un père laisse à ses trois enfants pour tout héritage un terrain de 5 Ha 34, partagé en deux parties égales. Le 1er lot est en pré et vaut 105 fr. l'are; le 2e lot, planté en vigne, vaut 6 400 fr. l'Ha. L'aîné prend le pré et le 2e la vigne. Combien chacun d'eux doit-il donner d'argent au plus jeune pour qu'ils soient tous trois également partagés?

1481. — Un sac contient 90 fr. dont 1/3 en monnaie d'or, 1/3 en monnaie d'argent et le reste en bronze. Quel est le poids de la monnaie contenue dans ce sac?

1482. — Combien faut-il ajouter de cuivre à 55 gr. d'or au titre de 0,950 pour avoir un alliage au titre de 0,900?

1483. — Quand il est midi à Paris, quelle heure est-il à Rome, à Pékin et à Mexico? Rome est à 10° long. E., Pékin à 114° long. E. et Mexico à 101°25′ long. O. de Paris.

1484. — Une personne perd les 3/4 de son argent et gagne ensuite les 3/5 du reste; elle a alors 60 fr. Combien avait-elle d'abord?

1485. — Un bloc cubique de marbre de 0m,85 de côté pèse 1 676 Kg 560. Dites la densité du marbre.

1486. — Par quel nombre faut-il multiplier 56 pour l'augmenter de ses 3/4?

1487. — Un marchand a acheté 328 mètres de drap à 9 fr. 75 le mètre; il veut, en le revendant, réaliser un bénéfice de 500 fr. sur le tout. Il a déjà vendu les 5/8 de son achat à 12 fr. le mètre. Quel devra être le prix du mètre de ce qui lui reste à vendre?

1488. — Combien pourrait-on faire de pièces de 5 fr. avec un lingot d'argent pur dont le volume serait de 3 dmc 1/2?
La densité de l'argent est 10,47.

1489. — Le café vert perd 1/5 de son poids par la torréfaction. Combien l'épicier doit-il revendre le Kg de café torréfié pour gagner 20 p. %, s'il le paie, vert, 3 fr. 75 le Kg?

1490. — Un édifice carré, dont les quatre façades ont chacune 35 mètres, présente dans son milieu une cour carrée de 16 mètres de côté. On demande la superficie occupée par les constructions.

1491. — Quelle quantité de briques faut-il pour construire un mur de 25 mètres de long sur 3 mètres de haut et 50 cm d'épaisseur? Les briques ont 2 dm de long, 1 dm de large et 5 cm d'épaisseur. On admet que le ciment occupe environ 1/7 du volume total de la maçonnerie.

1492. — Calculez le poids d'une poutre de chêne ayant $5^m,40$ de longueur sur $0^m,48$ d'équarrissage. La densité du chêne est 0,93.

1493. — Trouvez le capital qu'il faut placer à 4 p. % pour avoir, au bout de cinq ans 1/2, 6 187 fr. 50 d'intérêts.

1494. — Dans quelle proportion faut-il mélanger du blé à 18 fr. l'Hl et du blé à 13 fr. l'Hl pour avoir 100 Hl à 16 fr. l'Hl.

1495. — J'ai un jardin rectangulaire de 35 mètres de long sur 24 mètres de large. Je l'agrandis de 5 mètres sur la longueur et de 4 mètres sur la largeur. De combien de mq sa superficie est-elle augmentée?

1496. — Trois associés ont à se partager 24 300 fr. Le 1er y est intéressé pour le tiers, le 2e pour les 4/9 et le 3e doit avoir le reste. Combien chacun aura-t-il?

1497. — Un robinet donne 500 litres d'eau en une heure, un autre 400. On demande en combien de temps ces deux robinets coulant ensemble rempliront un réservoir cubique de $2^m,45$ de côté.

1498. — Un robinet remplirait un bassin en 5 heures, un 2e robinet le remplirait en 7 heures. Les deux robinets coulent ensemble pendant 2 heures, puis on ferme le 2e. Au bout de combien de temps le réservoir sera-t-il rempli?

1499. — Une somme de 106 451 fr. 60 se compose de pièces d'or et de pièces d'argent en poids égaux à 64 millig 1/2 près en faveur de l'or. On demande la somme que forme chaque espèce de monnaie.

1500. — Calculez en mètres carrés la surface de la terre.

Sceaux. — Imp. et stér. M. et P.-E. Charaire.

www.ingramcontent.com/pod-product-compliance
Ingram Content Group UK Ltd.
Pitfield, Milton Keynes, MK11 3LW, UK
UKHW022127190726
13855UKWH00003B/1056

9 782013 031479